U0243917

Self-repairing Lubricating Grease
with Attapulgite Mineral as Thickener

凹凸棒石矿物自修复润滑脂

于鹤龙　尹艳丽　许　一　等著

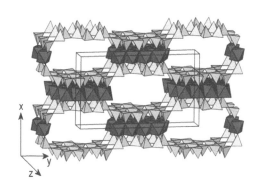

化学工业出版社
·北京·

内容简介

本书全面系统地介绍了以凹凸棒石矿物为稠化剂的磨损自修复型润滑脂的制备及其摩擦学行为与机理。主要内容包括：天然凹凸棒石的结构、性质及其摩擦学应用，矿物粉体的细化、活化、热处理与表面有机改性工艺及评价，以表面改性凹凸棒石粉体为稠化剂的矿物润滑脂制备工艺、理化性质及摩擦学性能，典型固体润滑剂、油溶性抗磨剂、凹凸棒石矿物粉体、纳米金属颗粒及其复配对矿物润滑脂摩擦学行为、自修复层微观结构及减摩自修复机理的影响规律。

本书对层状硅酸盐矿物减摩自修复材料的进一步研究和推广应用具有指导意义和参考价值，可供摩擦学、表面工程、材料科学与工程等专业技术领域，以及机械设备运行与管理、润滑节能材料开发与应用等领域的工程技术人员和生产管理人员，高等院校及研究院所开展相关领域研究或教学人员参考使用。

图书在版编目（CIP）数据

凹凸棒石矿物自修复润滑脂/于鹤龙等著. —北京：化学工业出版社，2024.3

ISBN 978-7-122-44617-6

Ⅰ.①凹… Ⅱ.①于… Ⅲ.①坡缕石-矿物-润滑脂-研究 Ⅳ.①P578.94

中国国家版本馆 CIP 数据核字（2023）第 254240 号

责任编辑：张海丽　　　　　　　　　　装帧设计：张　辉
责任校对：宋　夏

出版发行：化学工业出版社
　　　　　（北京市东城区青年湖南街 13 号　邮政编码 100011）
印　　装：北京建宏印刷有限公司
710mm×1000mm　1/16　印张 11¼　字数 189 千字　2024 年 3 月北京第 1 版第 1 次印刷

购书咨询：010-64518888　　　　　　　售后服务：010-64518899
网　　址：http://www.cip.com.cn

凡购买本书，如有缺损质量问题，本社销售中心负责调换。

定　　价：98.00 元

序

  人工自愈开拓了智能机械装备向安全可靠、自主健康发展的新途径。在摩擦学和表面工程领域，模仿生物体损伤的自愈机制，将具有自修复功能的微单元或强化因子引入材料表面，赋予摩擦表面损伤自修复功能，从而显著提高机械运行能效、安全可靠性和使用寿命。自修复是装备先进制造和智能运维科技领域发展的必然趋势，也是当今人工自愈与装备自主健康研究的重要领域之一。

  层状硅酸盐矿物是一类具有层状结构的含羟基天然无机硅酸盐材料，其矿物粉体颗粒细小、比表面积大，兼具优异的吸附性、离子交换性和膨胀性等特性，作为润滑油（脂）添加剂表现出优异的摩擦学性能，同时对磨损表面微损伤具有原位修复功能。硅酸盐矿物的储量丰富、提纯与细化处理工艺简单、制备成本低，因此被广泛应用于矿山机械、轨道交通、冶金石化、汽车等多领域机械装备的润滑系统，在实现节能减排、提高机械装备可靠性、运行效率和使用寿命等方面发挥了重要作用。

  针对磨损智能自修复领域对高性能矿物自愈材料的重大需求，作者团队在多项国家自然科学基金、国家重点研发计划课题、装备预研领域基金重点项目等国家和国防科研任务的支持下，围绕凹凸棒石矿物减摩自修复材料的加工处理、性能评价和作用机理取得重要科研成果。该成果系统阐释了天然凹凸棒石矿物"组成—结构—性能"之间的内在关系，突破了矿物减摩自修复润滑脂的制备、矿物表界面活性激发及多因素调控与材料复配等共性关键技术瓶颈，阐明了凹凸棒石矿物摩擦反应活性调控及其对机械减摩修复效应的作用机制等关键问题。

  《凹凸棒石矿物自修复润滑脂》一书，以作者团队关于凹凸棒石矿物自修复润滑脂的最新研究成果为基础，全面系统地介绍了以凹凸棒石矿物为稠化剂的磨损自修复型润滑脂的制备及其摩擦学性能与机理。该书将有助于深入揭示摩擦诱发层状硅酸盐矿物自修复行为与作用机制，对层状硅酸盐矿物减摩自修复材料的进一步研究具有重要指导意义和参考价值，并将促进自愈材料与自修复技术的推广应用，研发具有自愈功能的自主健康机械装备。

中国工程院院士
北京化工大学教授

前言

　　摩擦磨损是造成机械设备失效、能源消耗与材料损耗的最主要原因之一，有效地控制摩擦、降低磨损一直是机械工程领域的研究重点。近年来，研发兼具减摩、抗磨和微观损伤原位修复功能的微纳米润滑材料成为摩擦学领域的前沿热点。大量研究证实，凹凸棒石、蛇纹石、海泡石、蒙脱石等层状硅酸盐矿物材料具有独特的亚稳态结构和优异的摩擦表界面反应活性，作为润滑油（脂）添加剂表现出优异的减摩抗磨性能。特别是凹凸棒石矿物粉体经提纯处理后呈纳米纤维结构，具有一系列独特的理化性质，将其作为稠化剂引入润滑脂，可赋予传统极压抗磨润滑脂磨损自修复功能。相关研究是当前摩擦学、表面工程和智能自修复材料研究领域的交叉热点，涉及节能减排和资源节约，符合国家绿色发展战略，具有重要的学术价值和工程意义。

　　本书围绕凹凸棒石矿物自修复润滑脂的制备、性能与机理等基础科学问题和关键技术难题，对天然凹凸棒石矿物粉体材料的加工处理、理化性质与表面有机改性，及其与不同固体润滑剂、油溶性极压抗磨添加剂、典型纳米金属颗粒等润滑材料复配后的摩擦学性能及自修复行为与机理等内容进行了重点阐述与介绍。本书内容主要来自作者与所在团队近年来的最新研究成果，并尽可能地吸收了本领域同行学者的研究精华。作者希望通过本书向广大读者介绍矿物减摩自修复材料的技术原理、研究现状、摩擦学行为、自修复性能与作用机理，以期更多专家、学者和工程技术人员了解层状硅酸盐矿物自修复材料的特点及应用效果，并推动该材料的深入研究及推广应用，为实现国家"碳达峰""碳中和"目标贡献力量。

　　全书共分6章，第1章介绍了凹凸棒石矿物的结构、性质及其摩擦学应用；第2章介绍了凹凸棒石矿物粉体的细化、活化、热处理与表面有机化改性等工艺方法；第3章介绍了以表面改性凹凸棒石粉体为稠化剂制备矿物润滑脂的工艺流程，以及不同稠度等级的

3 类 6 种矿物润滑脂的理化性质、摩擦学性能与机理；第 4 章介绍了石墨烯、二硫化钼和二硫化钨等典型固体润滑剂对凹凸棒石矿物润滑脂摩擦学性能的影响及其作用机制；第 5 章介绍了油溶性添加剂与凹凸棒石对矿物润滑脂性能的影响，以及典型油溶性抗磨剂、固体润滑剂和凹凸棒石矿物复配对矿物润滑脂摩擦学性能、自修复层微观结构及减摩自修复机理的影响规律；第 6 章介绍了纳米铜和纳米镍颗粒对凹凸棒石矿物润滑脂摩擦学性能的影响。

本书各章编写人员为：第 1 章，于鹤龙、许一、张伟、白志民、史佩京、蔡志海；第 2 章，许一、南峰、尹艳丽、王利民、张博、张仲；第 3 章，于鹤龙、许一、张博、王红美、周克兵、杨喆、王申；第 4 章，许一、尹艳丽、吉小超、魏敏、王思捷；第 5 章，许一、南峰、周新远、宋占永、俞传永；第 6 章，于鹤龙、许一、南峰、赵阳、赵春锋。全书由尹艳丽统稿。

本书的顺利出版得益于国家自然科学基金项目"硅酸盐矿物/铁基复合涂层的自修复反应活性调控及其摩擦学行为与机理（52075544）""软金属/类陶瓷复合自修复膜的摩擦原位制备、主动控制与机理（51005243）""亚稳态硅酸盐/金属复合材料的制备及自修复行为与机理研究（50904072）""金属基体上原位形成摩擦修复膜的优化设计与机理研究（50805146）"，国家重点研发计划课题"重大装备用矿物减摩修复材料制备技术及应用示范（2017YFB0310703）"，以及装备预研领域基金重点项目"涂层自修复强化机理研究（61400040404）"等国家和国防项目的资助，在此表示衷心感谢。书中参考了大量国内外文献，谨向相关文献的作者表示衷心的感谢！

由于作者水平有限，对有些试验现象尚未给出深入全面的解释，对此深感遗憾。对于书中的疏漏与不足之处，恳请广大读者和专家提出宝贵意见和建议！

著者

2023 年 10 月

目录

第6章 纳米金属颗粒对凹凸棒石矿物润滑脂摩擦学性能的影响 /140

第 1 章　绪论

1.1　概述

摩擦磨损的危害巨大，摩擦损失了世界一次性能源的 1/3 以上，而磨损是材料与设备破坏和失效的 3 种最主要形式之一。据统计，美、英、德等工业国家每年因摩擦和磨损造成的损失占其国民生产总值（Gross National Product，GNP）的 2%～7%[1]。早在 2007 年中国工程院发布的摩擦学调查报告显示，2006 年我国因摩擦磨损造成的经济损失高达 9500 亿元，约占当年国内生产总值（Gross Domestic Product，GDP）的 4.5%[2]。

通常，减少机械设备摩擦和磨损的最佳策略是设计科学的摩擦学系统，包括优化的机械结构、有效的润滑系统及润滑材料、摩擦副材料的适当匹配等[3]。对于特定的滑动系统，可以采用两种方法降低摩擦与磨损。一种是应用各类表面技术在摩擦表面上制备涂层或进行表面改性，赋予材料表面特定的力学性能与减摩或抗磨功能，包括采用热喷涂、电沉积、气相沉积、激光熔覆等表面涂覆技术，以及表面渗碳、渗氮、离子注入、微弧氧化等表面改性技术。另一种是使用高效的润滑剂，包括各类润滑油、润滑脂和减摩抗磨添加剂。近年来，微纳米颗粒在润滑材料领域的研究和应用将这两种方法有效地结合起来[4-6]。

大量研究证实，将氧化物[7]、硫化物[8]、稀土化合物[9]、软金属[10]、先进碳材料[11,12]（石墨、金刚石、碳纳米管、石墨烯）等合成纳米颗粒添加到润滑介质中，以润滑介质为载体将其输送到机械零部件的摩擦表面，可以实现对摩擦表面早期微观损伤的原位动态自修复[13]。利用纳米材料独特的理化性质，借助摩擦产生的机械或化学效应，可以使分散在润滑油（脂）中的纳米颗粒在摩擦热力耦合作用下沉积铺展、填补损伤或与摩擦表面发生摩擦化学反应，从而在摩擦表面形成一层修复膜，在提供良好润滑的同时，改变摩擦表面的力学性能、表面接触状态或摩擦剪切行为，实现降低摩擦、减少磨损的功效[14]。

作者团队的研究表明[15-18]，由镁氧八面体层（Octahedral layer）和硅氧四面体层（Tetrahedral layer）以 T-O 或 T-O-T 结构组成的层状硅酸盐矿物粉体，如蛇纹石、凹凸棒石和海泡石等，具有独特的亚稳态层状结构和优异的摩擦表面反应活性，作为润滑油（脂）添加剂可在摩擦机械效应和摩擦热效应作用下发生脱水反应和解理断裂，释放活性氧原子和陶瓷相颗粒，从而在摩擦表面形成具有较好减摩润滑性能的氧化物复合自修复膜，实现损伤原位修复的同时，优化磨损表面力学性能[19-22]。

相比于合成工艺复杂的高成本纳米颗粒，层状硅酸盐矿物材料储量丰富，规模化制备成本低，细化工艺简单。特别是凹凸棒石矿物，由于其基本结构单元为棒状或纤维状单晶体，提纯处理后的粉体是天然的纳米纤维材料，作为润滑材料的应用及摩擦学性能研究受到了广泛关注[23-28]。独特的吸附性能、胶体性、耐热性、离子交换、流变性及催化性等理化性质，使凹凸棒石矿物粉体作为润滑脂稠化剂或添加剂时表现出突出的减摩抗磨性能[29-32]。同时，将凹凸棒石矿物作为稠化剂或添加剂材料引入润滑脂，既回避了无机固体颗粒在润滑油中应用时无法克服的分散稳定性难题，又赋予了传统极压抗磨润滑脂磨损原位修复功能，相关研究不仅有助于在线修复型润滑脂的开发，同时有利于加深对磨损诱发硅酸盐矿物自修复反应机制的理解，对于促进仿生自修复/自愈合材料与技术的发展具有重要意义。

1.2 凹凸棒石矿物结构与性质

1.2.1 凹凸棒石矿物简述

凹凸棒石（Attapulgite）又称凹凸土，或名坡缕石（Palygrorsbite），是一种具有层链状结构的含水富镁铝硅酸盐矿物，最早于 1862 年由俄国学者萨夫钦科夫（Tsavtchenkov）在乌拉尔坡缕缟斯克（Palygorsk）矿区的热液蚀变带中发现，并根据产地将其命名为坡缕石。1913 年，费尔斯曼（A. E. Fersman）将该矿物正式命名为坡缕缟石（Palygorskite）。1935 年，法国学者拉帕伦特（J. D. Lapparent）在美国佐治亚州、佛罗里达州、奥特堡（Attapulgus）、昆斯（Quincy）和法国莫尔摩隆（Mormoiron）的沉积岩漂白土中发现一种新型黏土，并命名为凹凸棒石（Attapulgite）。1982 年，世界黏土矿物命名委员会认为，坡缕石与凹凸棒石的晶体结构一致、化学成分相同，应属同种矿物，按照命名优先原则，统一规定命名为坡缕石[33,34]。1976 年，我国学者许冀泉等在江苏省六合县竹镇小盘山发现凹凸棒石黏土矿，根据奥特堡的发音并兼顾矿物的晶体结构特征，将 Attapulg-ite 译成"凹凸棒石"，在国内被广泛采用。

　　凹凸棒石主要来源于凹凸棒石黏土矿物，占其矿物含量的 20%～80%，最高可达 94%。凹凸棒石黏土主要呈浅灰或灰白色的致密块状，干燥后呈现轻质土状光泽，黏土矿物中常伴生有蒙脱石、高岭石、水云母、石英、蛋白质及少量赤铁矿、滑石和碳酸盐等矿物，因矿物组成不同而呈现青灰、砖红、灰黑和灰等不同颜色。凹凸棒石黏土矿物在黏土岩矿层普遍分布，当含量大于15% 时即可认定为凹凸棒石黏土矿。典型的凹凸棒石黏土矿物原石外观如图 1-1所示。

图 1-1　典型凹凸棒石黏土矿石外观

　　凹凸棒石矿物粉体的显微结构一般包括 3 个层次：①基本结构单元——微棒状或纤维状单晶体，简称棒晶，直径为 0.01μm 数量级，长度可达 0.1～1μm；②由棒晶平行聚集而成的棒晶束；③由晶束（包括棒晶）相互聚集堆砌而形成的各种聚集体，粒径通常为 0.01～0.1mm 数量级。凹凸棒石矿物单根晶体的直径为 20～70nm，长度为 0.5～5μm[35]，属于天然的一维纳米材料，提纯后的凹凸棒石矿物粉体微观形貌见图 1-2。独特的晶体结构赋予了凹凸棒石吸附性能、胶体性、耐热性好、离子交换、流变性、大比表面积、催化性、低密度等独特的理化性质，广泛应用于有机物的吸附与降解催化、重金属离子吸附、药物输送以及光催化剂的承载领域[36,37]。

　　全球凹凸棒石矿物探明储量约 14 亿吨。在国际上，尽管许多国家均出产凹凸棒石矿物，但具有工业意义的矿床分布十分有限。美国、中国、西班牙、塞内加尔、希腊、法国、澳大利亚等国是世界凹凸棒石矿物的生产大国。我国作为全球主要的凹凸棒石矿物蕴藏和生产国，最大矿藏地和生产地位于江苏六合和盱眙地区。1982 年，江苏省盱眙县发现凹凸棒石黏土矿，经勘查评价为大型矿床规模。1984 年，安徽省嘉山县明光一带再次发现凹凸棒石黏土矿，之后在四川、贵州、山西、内蒙古、湖北、河北和甘肃等地陆续勘探到一批凹凸棒石黏土矿床和矿点，储量资源十分丰富。江苏盱眙作为我国最大的凹凸棒石矿物资源产地，已探明的凹凸棒石黏土矿点多达 32 个，优质凹凸棒石黏土储量达到 8.8913 亿吨，占我国凹凸棒石黏土总储量的 70% 以上。盱眙凹凸棒石黏土（图 1-2）品种与类型多，凹凸棒石含量高，可加工性好，产品在石化、建材、医药、农业、环保和润滑材料等领域应用广泛。

图 1-2　江苏盱眙凹凸棒石矿物粉体微观形貌的 TEM 照片

1.2.2　凹凸棒石矿物的成分与结构

凹凸棒石作为层状硅酸盐矿物，在矿物学分类上隶属于海泡石族，其理论结构式为 $Mg_5SiO_8O_{20}(HO_2)_4 \cdot 4H_2O$，理论化学成分包含 56.96% 的 SiO_2、23.83% 的 MgO 以及 19.21% 的 H_2O。但实际上，凹凸棒石晶体结构中常含有大量的杂质，结构中的 Mg^{2+} 常被 Al^{3+}、Fe^{3+}、Na^+ 或 Mn^{2+} 等杂质取代，形成的变种分别称为铝凹凸棒石、铁凹凸棒石、钠凹凸棒石以及锰坡缕缟石（Yofortierite，或译为佛帖石）。

在硅酸盐结构中，每个 Si 原子一般被 4 个 O 原子所包围，构成 $[SiO_4]$ 四面体，是硅酸盐的基本构造单位。根据硅氧骨干形式的不同可将硅酸盐分为岛状结构硅酸盐、链状结构硅酸盐、层状结构硅酸盐和架状结构硅酸盐。凹凸棒石的基本结构是基于由硅氧四面体 $[SiO_4]^{4-}$ 组成的、相互连接并向层内无限伸展形成的六元环。每个四面体中的 3 个顶角氧原子是与周围连接的其他四面体所共有，因而形成了 $[Si_2O_5]^{2-}$ 基本结构单元，这种基本结构单元无限延伸便形成四面体层 [Tetrahedral layers，以 T 表示，见图 1-3（a）]。通常，多数层状硅酸盐含有氢氧离子（OH^-），且位于六元环的中心，于是形成了 $[(Si_2O_5)(OH)]^{3-}$

结构 [见图 1-3(b)]。当其他阳离子如 Mg^{2+}、Al^{3+} 或 Fe^{2+} 等与硅氧四面体层结合后，它们会共用顶角氧原子和氢氧离子（OH^-）而形成八面体层 [Octahedral layers，以 O 表示，见图 1-3(c)][38-40]。凹凸棒石是由四面体层（T）和八面体层（O）按 2:1 组成的 TOT 型层状硅酸盐矿物。表 1-1 列出了凹凸棒石矿物与蛇纹石矿物的晶体构型及晶体学参数对比。

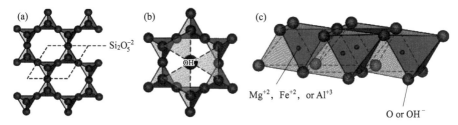

图 1-3 层状硅酸盐的基本构造单位

(a) 四面体层；(b) 六元环；(c) 八面体层

表 1-1 凹凸棒石与蛇纹石矿物的晶体学参数对比

	矿物名称	晶系	a_0/nm	b_0/nm	c_0/nm
	凹凸棒石	单斜	0.5235	1.7870	1.2768
	利蛇纹石	单斜	0.531	0.920	0.731
纤蛇纹石	斜纤蛇纹石	单斜	0.534	0.925	1.465
	正纤蛇纹石	斜方	0.534	0.920	1.463
	副纤蛇纹石	斜方	0.530	0.924	1.470
	叶蛇纹石	单斜	0.530	0.920	0.746

Branley[41] 于 1940 年最早建立的凹凸棒石晶体结构模型如图 1-4(a) 所示，四面体层中活性氧的指向沿 b 轴周期性反转，在任意两个四面体层之间，活性氧与活性氧相对，惰性氧与惰性氧相对；在惰性氧相对的位置上，形成宽大通道，通道横断面积为 0.37nm×0.63nm，由水分子充填，如图 1-4(b) 所示；在活性氧相对的位置上，活性氧及（OH）$^-$ 层呈紧密堆积，阳离子（如 Mg，Al）填充八面体空隙构成沿 a 轴一维无限延伸的八面体层 [见图 1-4(c)]，在每个 TOT 结构层中，四面体层角顶每隔一定距离发生方向颠倒，形成层链状。凹凸棒石晶体结构中含有以下 4 种形态水：①表面吸附水；②孔道中的沸石水（zeolite water），以"●"或"H_2O"表示；③位于孔道边缘，参与八面体边缘镁离子配位的结晶水（crystal water），以"⊕"或"（OH）$_2$"表示；④与八面体层中间阳离子配位的结构水，以"⊙"或"OH"表示[42,43]。

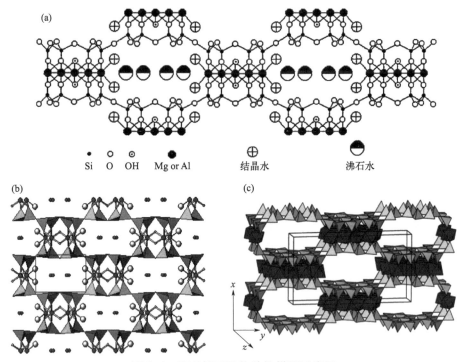

图 1-4 凹凸棒石晶体结构模型示意图

（a）平面结构；（b）、（c）立体结构

1.2.3 凹凸棒石矿物的理化性质

（1）基本理化性质

凹凸棒石呈白、灰色，密度为 $2.05\sim2.32g/cm^3$，莫氏硬度 2～3，呈纤维状，有滑感，具有良好的吸附性，吸水性强，遇水不膨胀，湿时具黏性和可塑性；干燥后收缩性小，具有良好的阳离子交换性能、吸水性、吸附脱色性、大的比表面积以及胶质价和膨胀容，理化性质与蒙脱石矿物相似。

（2）比表面积

凹凸棒石晶体结构内部具有众多平行于棒晶方向排列的纳米级孔道，同时颗粒细小且粉体表面有大量凹槽，比表面积巨大，这也是其具有优异吸附性的基础。目前，比表面测试通常采用国际通用的 BET 标准方法，但由于测试过程中 N_2 属于非极性气体，理论上不能有效进入凹凸棒石的晶体的内孔通道，因此采用 BET 法测定的主要是凹凸棒石的外比表面积，实测值与真实值存在一定偏差。此外，还可采用乙二醇乙二醚（$C_4H_{10}O_2$）法[44]测量凹凸棒石的比表面积。凹凸棒石的比表面积大于其他黏土矿物，一般在 $146\sim210\mathrm{m}^2/\mathrm{g}$（BET 法），而采用乙二醇乙二醚法测定的比表面积可达 $500\sim600\mathrm{m}^2/\mathrm{g}$。

（3）吸附性

凹凸棒石矿物粉体良好的吸附性源自其大比表面积、独特的表面结构以及离子状态，吸附机制包括物理吸附作用和化学吸附作用两方面。其中，物理吸附的实质是基于范德华力将吸附质分子吸附到凹凸棒石矿物粉体的内外表面；化学吸附是基于凹凸棒石矿物粉体表面可能存在的 4 类吸附中心[45]：①硅氧四面体层因类质同晶置换产生的弱电子供给氧原子，与吸附核的作用较弱；②在结构边缘与金属阳离子 Mg^{2+} 配位的结晶水 $(\mathrm{OH})_2$，可与吸附核形成氢键；③在四面体层外表面上由 Si-O-Si 桥氧键断裂形成的 Si-OH 基团，不仅可以接受离子，而且可以与晶体外表面的吸附分子相互结合，还可以与某些有机试剂形成共价键；④晶体化学成分的非等价类质同晶置换（Al^{3+} 或 Fe^{3+} 替换 Mg^{2+}），以及加热造成配位水脱失而导致的电荷不平衡，从而形成电极性吸附中心。凹凸棒石对物质的吸附具有选择性，与矿物结构、通道尺寸及形状等因素有关，这一特性是蒙脱石所不具备的，使凹凸棒石可作为除臭剂、净化剂、吸附剂、药物或催化剂载体以及助滤剂等广泛应用。

（4）阳离子交换能力

凹凸棒石矿物在形成过程中因类质同晶置换等作用使其表面呈负电性，具有交换吸附阳离子的性质。黏土矿物表面负电荷的产生主要原因包括晶体结构中不等价类质同象替代、矿物边缘和外表面的破键水解以及羟基的解离等。通常，凹凸棒石会从周围环境中吸附多种阳离子，如 K^+、Fe^{3+}、Ca^{2+} 和 Mg^{2+} 等阳离子平衡其负电荷，这些平衡负电荷的阳离子即为可交换性阳离子。若凹凸棒石的可交换性阳离子以 Ca^{2+} 为主，则该凹凸棒石称为钙型凹凸棒石。

1.2.4　凹凸棒石矿物的开发利用

凹凸棒石属于层状硅酸盐中的坡缕石族，因其独特的晶体结构，使之具有许多特殊的物化及工艺特性，在工业、农业、国防、医药、建材、石油、环保等方面得到广泛应用[46-49]。美国是世界上凹凸棒石黏土开发应用领域最多的国家，早在 20 世纪 40 年代就已经开采应用凹凸棒石矿物，相关产品生产主要集中在佛罗里达州和佐治亚州[50]。如 ITC 公司下属 Floridin 分公司以凹凸棒石黏土为原料，专业生产催化剂、农药、油料滤清器等 26 个系列的产品，年产量 20 万吨。

Meridian公司在佐治亚州、密苏里州、田纳西州和佛罗里达州开采凹凸棒石黏土，年产15万吨，主要应用于吸附剂、除草剂载体及矿物油与动物油提纯等领域。

我国对凹凸棒石矿物的研究开发始于20世纪80年代初，2000年前后实现工业化应用，相对而言起步比较晚，资源利用率相对较低，应用范围小，产品开发的多样化、系列化程度不高。近年来，我国逐渐发展成为凹凸棒石矿物产品研发的主力军，每年发表的关于凹凸棒石矿物的SCI论文数量占国际上该类材料领域发表论文总数的60%以上，在凹凸棒石棒晶束解离、凹凸棒石结构调控和凹凸棒石功能材料研发等方面已初步形成了国际影响力。我国生产的凹凸棒石矿物产品主要应用于无机化工、建材工业、食用油加工等比较低端的领域，初级加工产品和低附加值产品比例较高。

表1-2列出了当前国内外凹凸棒石黏土矿物应用的典型领域与主要产品，涵盖了农业、石油化工、冶金、国防军工、食品加工、纺织印染、环保处理、造纸、建材、陶瓷、医药等领域，用途多样，产品种类丰富。

表 1-2　凹凸棒石的主要用途

应用领域	主要用途
农业	土壤改良剂,肥料添加剂,悬浮剂,种子包衣剂,饲料添加剂,净水剂,杀虫剂及载体,杀菌剂,除草剂,植物生长调节剂载体等
化工	吸附剂,脱色剂,漂白剂,过滤剂,催化剂及其载体,干燥剂,洗涤剂,洗涤助剂,离子交换剂,悬浮剂,抗胶凝剂,增稠剂等
石油	钻井泥浆材料,精练脱色和净化剂,裂化催化剂及催化剂载体,沥青稳定剂,润滑油稠化剂等
冶金	黏结剂,表面稳定剂,铸造高温涂料悬浮剂,水煤浆悬浮剂,焊条药皮材料等
食品	油料脱色剂、净化剂,饮品澄清、稳定、脱色剂,过滤剂,干燥剂;糖汁处理剂,食品除臭防霉去毒剂、抗菌剂、添加剂等
纺织印染	填充剂,抗静电涂层材料,淀粉替代剂,印花糊料,海藻酸钠替代料等
环保	废气吸附净化剂,空气净化剂,污水处理剂,清洗剂,饮用水矿化净化剂,除臭剂,地板清洁剂,环境密封胶(剂)等
造纸	复写纸、压敏纸活性染色剂和显色材料,纸张填料,油墨填充剂、增稠剂,无碳纸显色颜料,发泡灵脱色剂等
建材	新型墙体材料,矿棉吸音板黏结剂,土层稳定剂,打夯润滑剂,混凝土增塑剂和添加剂,地下工程防渗漏剂,防水、保温、隔热、隔音新型材料等
陶瓷	陶瓷增塑剂,釉料添加剂,搪瓷添加剂,高温涂层材料,替代石棉用于摩擦材料等
医药	赋形剂,凝血剂,药物添加剂,药物黏着剂,药物悬浮剂,黏结剂,蚊香添加剂等
化妆品	化妆品底料,增稠剂,触变剂,液态乳剂,缓释剂,面膏活性剂,干洗发香波吸油剂
涂料	填充剂,添加剂,增稠剂,流平剂,触变剂,稳定剂等

应用领域	主要用途
国防军工	放射性废物、防辐射处理吸附剂,隐身材料配件及航天、卫星、火箭等隔热材料
润滑材料	润滑油(脂)添加剂,润滑脂稠化剂,聚合物填料等

1.3　凹凸棒石矿物的摩擦学应用

20 世纪 60 年代开始,地质学家和地球物理学家对层状硅酸盐矿物的摩擦学行为进行了最初的研究,旨在探索含蛇纹石地壳断层的强度和滑动稳定性[51,52]。20 世纪 80 年代,苏联地质工作者在进行钻探过程中发现,某一地区特定岩层深度作业时的钻具使用寿命是其他岩层的数倍,长期作业后的钻具表面异常光滑、磨损程度极其轻微。经研究后发现,导致钻具延寿的根本原因在于岩层中的叶蛇纹石矿物,其中的羟基硅酸镁成分在摩擦过程中产生了磨损自修复效应[53]。苏联科学家在这一发现基础上,成功开发了金属磨损自修复材料,并将其应用于军工领域。金属磨损自修复矿物材料突破了传统的润滑添加剂设计理念,将粒径为 0.1~10μm 的多组分复合硅酸盐矿物粉体分散至润滑介质中,开发了多种具有自修复作用的润滑油和润滑脂产品,可以借助机械力、摩擦化学和摩擦电化学作用,在摩擦表面形成具有超润滑抗磨性能的功能保护层,不但可以提高摩擦表面的减摩抗磨性能,还能实现对摩擦损伤的原位自修复和强化,有利于降低机械设备摩擦振动,减少噪声,节能减排[54-57]。

20 世纪 90 年代,尽管金属磨损自修复材料相关研究成果已在国外军工和民用领域获得了良好应用,但限于技术保密的原因,关于该类材料组分、制备工艺、性能研究和作用机理等方面的研究报道较少,仅有少量的专利可查。国内自 20 世纪 90 年代末从俄罗斯、乌克兰引进层状硅酸盐矿物自修复材料以来,逐步开展了以蛇纹石、凹凸棒石、海泡石、蒙脱石等为代表的层状硅酸盐矿物粉体制备及表面改性处理、摩擦学性能评价、减摩自修复机理以及工程应用等研究工作,掀起并引领了国际上关于该类材料研究的热潮,使其逐渐成为表面工程与摩擦学研究领域的前沿热点之一。其中,凹凸棒石由于具有独特的纳米结构及优异的吸附性和离子交换性能,不仅可以作为添加剂改善润滑油(脂)的减摩抗磨性能,而且可以作为稠化剂提升润滑脂的性能,同时作为填料改善聚合物的力学和摩擦学性能,赋予传统润滑材料和复合材料磨损原位修复功能,相关研究受到广泛关注。

1.3.1 含凹凸棒石矿物润滑油的摩擦学性能

借助表面有机改性提高凹凸棒石矿物粉体与有机介质的相溶性，并将其添加到各种型号的润滑油或直接制备润滑脂，借助不同接触形式、运动模式的摩擦磨损试验机评价含凹凸棒石矿物润滑介质的减摩抗磨及自修复性能，是层状硅酸盐矿物摩擦学研究领域关注的热点。表 1-3 给出了凹凸棒石矿物作为润滑油添加剂的相关研究列表。

表 1-3 凹凸棒石矿物作为润滑油添加剂的相关研究列表

序号	油润滑体系	实验接触方式	μ_c/%	W_c/%	参考文献
1	1.0%ATP(665nm)	实际应用缸套材料销/活塞环材料盘	33.3	—	[58]
2	0.5%ATP(1μm)	AISI 52100 钢球/AISI 1045 钢盘	38.8	33.3	[23]
3	2%ATP(10nm)	钻井模拟摩擦磨损实验机	66.7	—	[59]
4	0.5%ATP(30nm)	45 钢块/盘	84.8	—	[60]
5	3.0%ATP(纳米级)	AISI 1045 钢环/盘	31.93	—	[61]
6	4.0%ATP(纳米级)	AISI 1045 钢环/盘	—	26.9	[61]
7	0.5%ATP(330nm)	AISI 52100 钢球/AISI 1045 钢盘	24.2	53.8	[62]
8	ATP(20~50nm)	钢球/盘	35.1	40.0	[18]
9	0.5%ATP(30nm)	AISI 52100 钢球/AISI 1045 钢盘	60.0※	33.3※	[24]
10	0.6%ATP	AISI 52100 钢球/AISI 1045 钢盘	48.0※	28.6※	[25]
11	0.6%ATP(10~100nm)	GCr15 钢球/45 钢盘	42.32	—	[26]
12	0.4%ATP(10~100nm)	GCr15 钢球/45 钢盘	—	85.5	[26]
13	0.5%ATP(50nm)	GCr15 钢球/45 钢盘	44.5	14.3※	[63]
14	1.0%ATP(20nm)	GCr15 钢球/45 钢盘	50.8	50.0	[64]
15	0.4%ATP(10~100nm)	GCr15 钢球/45 钢盘	43.08	—	[65]
16	0.4%ATP(10~100nm)	GCr15 钢球/45 钢盘	—	上试样:59.05 下试样:85.5	[65]
17	0.5%ATP(30~50nm)	GCr15 钢球/45 钢盘	26.7※	64.0※	[66]
18	3%ATP(416nm)	45 钢环/块	29.4※	12.0※	[67]
19	0.5%ATP(30nm)	GCr15 钢环/45 钢块	—	66.0	[68]
20	0.5%ATP(10~20nm)	45 钢销/盘	58.0	81.0	[69]
21	4%ATP	45 钢环/块	—	26.5	[70]
22	2%ATP(<0.5μm)	45 钢环/块	32.3	25.2	[71]
23	2%ATP	GCr15 钢球/45 钢盘	42.9※	57.4※	[72]
24	2%ATP/700℃	GCr15 钢球/45 钢盘	47.6※	42.9※	[72]

序号	油润滑体系	实验接触方式	μ_c/%	W_c/%	参考文献
25	2%ATP/900℃	GCr15 钢球/45 钢盘	46.7※	28.6※	[72]
26	0.5%ATP(1μm)	GCr15 钢球/45 钢盘	61.1※	11.8※	[73]
27	0.5%ATP(1μm)/100℃	GCr15 钢球/45 钢盘	—	18.6※	[73]
28	0.5%ATP(1μm)/300℃	GCr15 钢球/45 钢盘	—	13.6※	[73]
29	0.5%ATP(1μm)/500℃	GCr15 钢球/45 钢盘	—	29.4※	[73]
30	0.5%ATP(1μm)/700℃	GCr15 钢球/45 钢盘	—	27.2※	[73]
31	ATP(200~300nm)	GCr15 钢环/45 钢块	58.4	—	[74]

注：ATP 为凹凸棒石；"※"标记处的数据文献中未给出，由作者根据图表变化幅度按比例计算，存在误差；μ_c 为与基础油所比较的摩擦系数下降幅度；W_c 为与基础油所比较的磨损量下降幅度。

根据现有文献，添加到润滑油中的凹凸棒石矿物质量分数通常小于 5%，大多数低于 1%。研究表明，过高含量的凹凸棒石在润滑油中充当第三体磨粒[58]，在摩擦过程中不仅起不到提升减摩抗磨性能的作用，反而会在一定程度上加剧磨损。添加凹凸棒石矿物后，润滑油的摩擦因数较添加前降低 24.2%~84.8%，材料磨损体积、磨损量或磨损率降低 11.8%~85.5%。通常情况下，层状硅酸盐矿物粉体的平均粒径越小，其降低摩擦、减小磨损的效果越好。

层状硅酸盐矿物在高温、高压的作用下，易发生层间断裂、晶间解理和羟基脱除反应，导致晶体结构失稳破坏，释放出大量细小的二次粒子、活性氧或自由水。脱水后形成的具有高理化活性的二次产物是构成摩擦界面物理吸附、沉积或摩擦化学反应的主要组分。随着温度的升高，层状硅酸盐的剪切强度显著下降，层状结构及单元层在机械负载的作用下易发生层间断裂和晶体破坏。基于凹凸棒石矿物在高温下的脱水反应和相变特性，文献[72，73]评价了经不同温度热处理后矿物粉体的摩擦学性能。结果表明，凹凸棒石矿物经 100~700℃ 热处理后，伴随脱水过程其晶体结构基本保持不变，但比表面积增大，润滑油减摩抗磨性能得到改善；当温度达到 700℃ 以上时，凹凸棒石矿物部分转变为非晶 SiO_2，当温度到达 900℃ 时则分解生成晶态 SiO_2 以及 $MgSiO_3$，这些硬质颗粒会起到"微轴承"作用，从而减小摩擦，但会加剧摩擦表面的磨粒磨损，导致润滑油的抗磨性能下降。

层状硅酸盐与传统抗磨剂或无机纳米颗粒混合添加至润滑油中，会产生一定的协同增效作用，进一步改善矿物粉体的摩擦学性能[75]。表 1-4 给出了凹凸棒石矿物与无机纳米颗粒复配后作为润滑油添加剂的摩擦学性能研究情况。通常认为，添加 Cu、Ni、Ag 等纳米金属颗粒以及石墨烯等碳材料有利于通过与层状硅酸盐矿物粉体之间的离子交换作用[24,75-80]，使之直接参与凹凸棒石矿物与金属摩擦表面间的摩擦化学反应，促进摩擦表面自修复层的形成[81]；而 La、Ce 等稀土氧化物主要起催化剂作用，促进摩擦化学反应进程，从而显著降低摩擦，减少磨损[25]。

表 1-4　凹凸棒石矿物与无机纳米颗粒复配的摩擦学性能研究列表

序号	复配体系	实验方法及接触方式	μ_c/%	W_c/%	参考文献
1	4%[3.4%ATP+0.6%Ag]	45 钢环/块	11.4※	64.0※	[75]
2	4%[2.8%ATP+1.2%Ag]	45 钢环/块	43.2※	72.0※	[75]
3	4%[1.2%ATP+1.8%Ag]	45 钢环/块	41.0※	50.7※	[75]
4	ATP+1.3%Ag	45 钢环/块	2.2※	55.4※	[76]
5	ATP+4.61%Ag	45 钢环/块	43.1※	73.0※	[76]
6	ATP+9.54%Ag	45 钢环/块	66.0※	82.1※	[76]
7	0.5%ATP+0.05%Ni	AISI 52100 钢球/AISI 1045 钢盘	55.3※	46.6※	[24]
8	0.5%ATP+0.1%Ni	AISI 52100 钢球/AISI 1045 钢盘	56.0※	53.4※	[24]
9	0.5%ATP+0.15%Ni	AISI 52100 钢球/AISI 1045 钢盘	54.8※	41.3※	[24]
10	0.5%ATP+0.25%Ni	AISI 52100 钢球/AISI 1045 钢盘	53.6※	36.2※	[24]
11	4%[2%ATP+2%Cu]	HT200 铸铁环/盘	—	63.2	[82]
12	0.6%ATP+0.2%La$_2$O$_3$	AISI 52100 钢球/AISI 1045 钢盘	46.8※	52.0※	[25]
13	0.6%ATP+0.4%La$_2$O$_3$	AISI 52100 钢球/AISI 1045 钢盘	55.2※	69.3※	[25]
14	0.6%ATP+0.6%La$_2$O$_3$	AISI 52100 钢球/AISI 1045 钢盘	48.8※	54.0※	[25]
15	0.6%ATP+0.8%La$_2$O$_3$	AISI 52100 钢球/AISI 1045 钢盘	49.0※	49.0※	[25]
16	0.5%ATP+1.0%Cu	GCr15 钢球/45 钢盘	77.8※	96.4※	[63]
17	2%[1.34%ATP+0.67%Cu]	HT200 环/块	70.7	44.0	[83]
18	2%[1.0%ATP+1.0%Cu]	HT200 环/块	60.3	65.4	[83]
19	2%[0.67%ATP+1.34%Cu]	HT200 环/块	60.5	73.3	[83]
20	1%[0.67%ATP+0.33%Cu]	GCr15 钢四球摩擦副	12.3	—	[77]
21	1%[0.67%ATP+0.33%Cu]	GCr15 钢四球摩擦副	—	19.8	[77]
22	4%[2%ATP+2%Ag]	45 钢环/块		37.5	[78]
23	2%[1%ATP+1%Ag]	HT200 铸铁环/块	66.2	80.9	[79]
24	4%[2.29%ATP+1.71%Ag]	HT200 铸铁环/45 钢块	—	—	[80]

注：ATP 为凹凸棒石；"※"标记处的数据文献中未给出，由作者根据图表变化幅度按比例计算，存在误差；μ_c 为与基础油所比较的摩擦系数变化幅度；W_c 为与基础油所比较的磨损量变化幅度。

1.3.2　含凹凸棒石润滑脂的摩擦学性能

传统润滑脂以矿物油或合成油作为基础油，采用金属皂或其他有机/无机固体颗粒（如黏土、二氧化硅、炭黑和聚四氟乙烯）作为增稠剂。近年来，研究人员以凹凸棒石矿物为稠化剂制备高性能润滑脂，表 1-5 列出了凹凸棒石矿物作为稠化剂制备润滑脂的摩擦学性能研究情况。凹凸棒石矿物通过以下两个方面改善润滑脂的承载能力并实现减摩抗磨：一方面强化润滑脂中稠化剂的结构骨架功能，提高了磨合阶段基础油在结构骨架中的吸附和保持力；另一方面，在摩擦表面形成保护膜（或称为摩擦反应膜、自修复膜/层）[84]。此外，研究人员还将凹凸棒石矿物粉体与其他有机/无机固体颗粒进行复合并制备润滑脂，或将离子液加入凹凸棒石矿物润滑脂，以改善其摩擦学性能。研究表明，Cu、Ni、Ag 等金属颗粒以及石墨和新型离子液等，能够进一步提升凹凸棒石矿物润滑脂的减摩抗磨性能。其中，纳米金属颗粒的加入可以使摩擦表面形成更光滑、致密的自修复层，而离子液可使矿物润滑脂的抗磨性能提高约 90%[31]。

除金属颗粒外，固体润滑剂和聚合物添加剂可以进一步改善凹凸棒石矿物润滑脂的摩擦学性能。Chen 等[85] 以凹凸棒石和膨润土混合物作为复合稠化剂，以聚 α 烯烃为基础油制备了凹凸棒石-膨润土复合润滑脂，并考察了添加聚四氟乙烯（PTFE）、MoS_2、纳米 $CaCO_3$ 和石墨等粉体对润滑脂摩擦学性能的影响。结果表明，膨润土和凹凸棒石的质量比为 1∶4 时，复合润滑脂具有较高的滴点和最优的摩擦学性能；MoS_2 能够显著提高复合润滑脂的减摩抗磨性能，在磨损表面生成由 MoS_2 和 MoO_3 组成的摩擦反应膜。

此外，改性剂的使用能够改善凹凸棒石矿物润滑脂对固体润滑剂的感受性，进一步改善润滑脂性能。王泽云等[86] 以十六烷基三甲基溴化铵改性凹凸棒石矿物为稠化剂，以合成油 PAO40 为基础油制备矿物润滑脂，通过摩擦磨损试验研究了矿物润滑脂对固体润滑剂的感受性。研究发现，加入 MoS_2 或石墨/MoS_2 复合粉体的凹凸棒石矿物润滑脂具有优异的减摩性能和承载能力。在此基础上，王泽云等[87] 以氨基酰胺改性凹凸棒石为稠化剂，分析了添加二烷基二硫代磷酸锌（ZnDDP）和二烷基二硫代磷酸钼（MoDDP）对矿物润滑脂性能的影响。结果表明，添加 2% MoDDP 和 0.6% ZnDDP 矿物润滑脂润滑下的摩擦系数和材料磨损体积均显著降低，润滑脂承载能力由 600N 提高到 800N。

表 1-5　以凹凸棒石矿物为稠化剂的矿物润滑脂摩擦学性能研究列表

序号	润滑体系	实验接触方式	μ_c/%	W_c/%	参考文献
1	ATP 基础脂＋1%Cu	AISI 52100 钢球/AISI 1045 钢盘	9.6※	31.8※	[29]
2	ATP 基础脂＋2%Cu	AISI 52100 钢球/AISI 1045 钢盘	14.2※	45.4※	[29]
3	ATP 基础脂＋3%Cu	AISI 52100 钢球/AISI 1045 钢盘	7.1※	28.1※	[29]

续表

序号	润滑体系	实验接触方式	μ_c/%	W_c/%	参考文献
4	ATP 基础脂＋L-P104	AISI 52100 钢球/盘	17.9※	45.4※	[31]
5	ATP 基础脂＋L-P106	AISI 52100 钢球/盘	19.6※	52.7※	[31]
6	ATP 基础脂＋L-B108	AISI 52100 钢球/盘	12.5※	27.3※	[31]
7	ATP 基础脂＋石墨	AISI 52100 钢球/AISI 1045 钢盘	14.1※	66.7※	[30]
8	ATP 基础脂＋膨润土＋PTFE	AISI 52100 钢球/AISI 52100 钢盘	6.9※	−31.4※	[85]
9	ATP 基础脂＋膨润土＋MoS_2	AISI 52100 钢球/AISI 52100 钢盘	5.2※	84.2※	[85]
10	ATP 基础脂＋膨润土＋$CaCO_3$	AISI 52100 钢球/AISI 52100 钢盘	−1.7※	−30.0※	[85]
11	ATP 基础脂＋膨润土＋石墨	AISI 52100 钢球/AISI 52100 钢盘	7.8※	1.4※	[85]
12	ATP（六烷基三甲基溴化铵改性）基础脂＋KB_3O_5	AISI 52100 四球摩擦副	15.0※	61.3※	[86]
13	ATP（六烷基三甲基溴化铵改性）基础脂＋MoS_2	AISI 52100 四球摩擦副	38.0※	35.7※	[86]
14	ATP（六烷基三甲基溴化铵改性）基础脂＋石墨/MoS_2	AISI 52100 四球摩擦副	38.1※	13.0※	[86]
15	ATP（六烷基三甲基溴化铵改性）基础脂＋石墨	AISI 52100 四球摩擦副	14.9※	−83.0※	[86]
16	ATP（氨基酰胺改性）基础脂＋MoDDP	AISI 5210 钢球/GCr15 钢盘	25.1※	1.0※	[87]
17	ATP（氨基酰胺改性）基础脂＋MoDDP＋ZDDP	AISI 5210 钢球/GCr15 钢盘	22.3※	46.1※	[87]

注：ATP 为凹凸棒石；"※"标记处的数据文献中未给出，由作者根据图表变化幅度按比例计算，存在误差；L-P104 为 1-丁基-3-甲基咪唑鎓六氟磷酸盐；L-P106 为 1-己基-3-甲基咪唑鎓六氟磷酸盐；L-B108 为 1-辛基-3-甲基咪唑鎓四氟硼酸盐；ZDDP 为二烷基二硫代磷酸锌；MoDDP 为二烷基二硫代磷酸硫化氧钼；μ_c 为与未添加金属颗粒的基脂摩擦系数对比的变化率；W_c 为与未添加金属颗粒的基脂磨损量对比的变化率。

1.3.3　含凹凸棒石矿物高分子复合材料的摩擦学性能

如前所述，层状硅酸盐矿物在高温下易发生脱水反应和相变，形成高硬度和高密度的二次颗粒以及氧化物。因此，将层状硅酸盐矿物引入复合材料时需考虑基质相材料的熔点（分解温度）及热加工工艺，导致当前研究中采用的基质相材料主要是有机高分子材料以及低熔点金属或合金。层状硅酸盐矿物粉体改性聚合物复合材料的制备方法主要为冷压烧结或热压烧结，所用基质相材料主要为聚四氟乙烯（PTFE）、超高分子量聚乙烯（UHMWPE）、聚酰亚胺（PI）、橡胶等。表 1-6

列出了凹凸棒石聚合物复合材料的摩擦学性能研究情况。研究发现，在凹凸棒石的作用下，PTFE（聚四氟乙烯）的耐磨性能提升 66.8%～99.8%；UHMWPE（超高分子量聚乙烯）的耐磨性能提升 11.1%～49.4%；PI（聚酰亚胺）的耐磨性能提升 33.7%～72.3%；橡胶的耐磨性能提升 22%～83.0%。此外，层状硅酸盐对于其他高分子材料也有提升摩擦学性能的作用[88-92]。Sleptsova 等[93] 研究了蛇纹石矿物粉体含量对蛇纹石/PTFE 复合材料摩擦学性能的影响。结果表明，在蛇纹石质量分数低于 5% 时，PTFE 复合材料在干摩擦条件下的滑动摩擦因数和磨损率较纯 PTFE 分别减少 10%～15% 和 95.6%～99.8%，而断裂强度、断裂伸长率和弹性模量等力学性能几乎没有变化。Jia 等[94,95] 证实了 PTFE 中添加蛇纹石后耐磨性在不同载荷和滑动速度条件下均得到极大提高，并认为层状硅酸盐矿物对聚合物的改性强化，以及与有机聚合物在对偶金属摩擦表面形成的复合转移膜是材料耐磨性得以改善的关键。Lai 等[27] 对热处理后的凹凸棒石填充高分子材料的摩擦学性能进行了研究，发现热处理后的凹凸棒石能够进一步提升 PTFE 的耐磨性能，对比纯 PTFE 磨损量降低了 99.3%。Meng 等[96,97] 研究了凹凸棒石对超高分子量聚乙烯摩擦学性能的影响，发现在硅酸盐颗粒上接枝 Ni、TiO_2 后所合成的复合材料的耐磨性能提升了 42%～50%。

表 1-6　凹凸棒石/高分子复合材料摩擦学性能研究列表

序号	复合体系	实验接触方式	μ_c/%	W_c/%	参考文献
1	PTFE+2%ATP	钢环/复合材料块	—	99.2	[98]
2	PTFE+1%ATP	钢环/复合材料块	—	68.0※	[99]
3	PTFE+3%ATP	钢环/复合材料块	—	77.0※	[99]
4	PTFE+5%ATP	钢环/复合材料块	—	91.0※	[99]
5	PTFE+5%ATP	钢环/复合材料块	11.0	95.0	[27]
6	PTFE+5%ATP400℃	钢环/复合材料块	11.4	96.3	[27]
7	PTFE+5%ATP600℃	钢环/复合材料块	7.7	99.0	[27]
8	PTFE+5%ATP800℃	钢环/复合材料块	8.7	99.3	[27]
9	UHMWPE+0.5%ATP（平均粒径 50nm）	GCr15 钢球/复合材料盘	19.0※	40.7※	[28]
10	UHMWPE+1%ATP（平均粒径 50nm）	GCr15 钢球/复合材料盘	28.6※	46.7※	[28]
11	UHMWPE+2%ATP（平均粒径 50nm）	GCr15 钢球/复合材料盘	23.8※	25.3※	[28]
12	UHMWPE+4%ATP（平均粒径 50nm）	GCr15 钢球/复合材料盘	11.9※	13.3※	[28]

序号	复合体系	实验接触方式	μ_c/%	W_c/%	参考文献
13	UHWMPE+6%ATP （平均粒径50nm）	GCr15钢球/复合材料盘	4.8※	−31.8※	[28]
14	UHMWPE+2%ATP	GC15钢球/复合材料盘	14.4※	34.5※	[96]
15	UHMWPE+2%ATP （Co、Ni(H)）	GC15钢球/复合材料盘	10.5※	41.8※	[96]
16	UHMWPE+2%ATP （Co、Ni(C)）	GC15钢球/复合材料盘	23.7※	49.0※	[96]
17	UHMWPE+5%ATP （Co、TiO$_2$）	GC15钢球/复合材料盘	33.3	49.4	[97]
18	UHMWPE+1%ATP	GC15钢球/复合材料盘	20.0※	30.4※	[100]
19	PI+1%ATP(10~100nm)	钢球/复合材料盘	17.9※	72.3	[101]
20	PI+3%ATP(10~100nm)	钢球/复合材料副	10.7※	84.6	[101]
21	PI+5%ATP(10~100nm)	钢球/复合材料盘	10.6※	70.7	[101]
22	PI+3%ATP	45钢环/复合材料环	20.1	59.3	[102]
23	PI+5%ATP	45钢环/复合材料环	11.1	52.0	[102]
24	PI+7%ATP	45钢环/复合材料环	16.8	33.7	[102]
25	PI+10%ATP	45钢环/复合材料环	10.0	−19.01	[102]
26	Ru+75%石墨+25%ATP	金属/橡胶面-面摩擦副	—	22.2※	[103]

注：ATP为凹凸棒石；"※"标记处的数据文献中未给出，由作者根据图表变化幅度按比例计算，存在误差；μ_c为对比未添加硅酸盐高分子材料摩擦系数变化率；W_c为对比未添加硅酸盐高分子材料磨损量变化率。

1.3.4　含凹凸棒石矿物金属基复合材料的摩擦学性能

含层状硅酸盐金属基复合材料的制备工艺主要是热压烧结，所用基质相材料以铝基材料为主，增强材料多数为蛇纹石。在室温至800℃范围内，当Al合金、TiAl、NiAl或SiAl合金中蛇纹石矿物添加量低于11%的情况下，含蛇纹石矿物金属基复合材料的摩擦学性能得到显著改善，摩擦系数和磨损率较纯基质相材料分别降低8%~45.2%和11.4%~62.6%[104-108]，但复合材料的密度和硬度会产生小幅度变化，然而这种小幅度的变化并不会对材料产生显著影响。除烧结工艺外，在电解液中加入层状硅酸盐矿物粉体，利用微弧氧化技术可在铝合金表面制备含层状硅酸盐矿物的复合陶瓷层，可进一步提高传统微弧氧化陶瓷层的硬度及摩擦学性能[109-112]。其中，Zhao等[112]利用微弧氧化技术在铝合金表面制备的三聚氰胺-树脂/有机硅/蒙脱石复合涂层不仅具备良好的耐磨性能，同时表现出较好的耐腐蚀性能。同理，在电镀液中加入层状硅酸盐矿物，通过低温镀铁技术制备得到的铁基复合镀层同样表现出较高的硬度和耐磨性[113]。此外，Xi 等[114] 将天然蛇纹石矿物粉体作为功能填料，在提高磷酸盐固体涂层自身耐磨性的同时，蛇纹石矿物在对偶钢球表面形成了摩擦转移膜，实现了对摩擦副表面损伤的磨损自修复。

1.3.5　层状硅酸盐矿物的减摩自修复机理

凹凸棒石、蛇纹石、海泡石等层状硅酸盐矿物的结构相似、理化性质相近，将矿物粉体添加到润滑油、润滑脂、高分子或金属材料中，对金属摩擦材料表现出优异的减摩自修复效果，可在磨损表面形成由金属氧化物、氧化铝、二氧化硅等硬质颗粒强化的复合自修复层，将摩擦表面粗糙度 Ra 降低 40.2%～72.1%，提高摩擦表面硬度 1.8%～94%，从而显著降低摩擦、减小磨损。几种典型层状硅酸盐矿物与摩擦表界面之间的相互作用机制相近，但当前文献研究中尚缺少统一的系统描述，主要形成了如下几种观点：

（1）铺展和转移机制

该机制[115-117] 认为，微纳米层状硅酸盐颗粒因尺寸细小，具有较大的比表面积和表面能，表面含有大量的 Si-O-Si、O-Si-O、Mg-O、Mg-O/OH、氢键等不饱和键或悬挂键，具有很强的理化活性和极性，与金属摩擦表面具有较高的亲和力。随着载体介质被传送至摩擦接触区域后，硅酸盐颗粒易吸附于摩擦接触表面，在摩擦力的作用下，发生铺展和转移，形成具有较好力学性能的摩擦保护膜（或称自修复层）。Wang 等[117] 研究发现，含层状硅酸盐矿物油样润滑下钢球磨损表面形成了双层结构的自修复膜，第一层由被润滑剂包围的松散纳米颗粒构成，第二层由压实在钢球表面的纳米颗粒构成（图 1-5）。

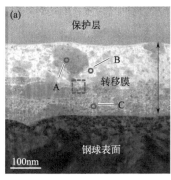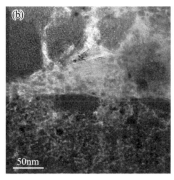

图 1-5　含纳米蛇纹石矿物粉体液体石蜡润滑下摩擦表面形成的双层结构自修复膜形貌的 TEM 照片

（a）低倍照片；（b）虚线框内区域的高倍照片[117]

（2）置换反应机制

该机制[118-122]认为，层状硅酸盐在高温高压下的层间解理及高活性的二次粒子与新鲜摩擦表面之间的化学反应是摩擦表面自修复膜形成的主要原因。当层状硅酸盐颗粒进入摩擦副表面时，原始硅酸盐颗粒或脱水反应后形成的二次颗粒可以作为微凸体之间的垫片和抛光介质，丰富的结构水提供了晶面间润滑，并对摩擦副表面起到研磨抛光作用，在洁净优化摩擦表面的同时，使摩擦表面具有很强的化学活性，造成活性铁原子或碳原子在摩擦表面的聚集。硅酸盐矿物中的离子（Mg^{2+}、Na^+、Al^{3+}）与摩擦表面或磨粒中的 Fe^{2+} 或 Fe^{3+} 发生置换反应，是诱导金属表面形成类陶瓷自修复膜的关键。

（3）氧化-还原反应机制

该机制[55,123,124]认为，层状硅酸盐粉体表面含有大量的活性基团，在摩擦挤压和剪切应力的作用下发生晶体结构破坏及化学键断裂时，会释放出大量的高活性氧原子和自由水。同时，硅酸盐颗粒会对接触表面起到研磨活化作用。在摩擦力的作用下，高活性氧原子和自由水会从表面向内部强扩散，使合金成分渗碳体发生氧化，且沿着深度方向，逐渐由氧化气氛过渡到还原气氛，得到铁的多价态氧化物。该氧化层在摩擦接触的剪切和挤压应力反复作用下，诱发组织形变细化和形变强化，最终形成铁碳化物基体上弥散分布的氧化物纳米晶自修复层。

（4）渗透烧结机制

该机制[125,126]认为，摩擦表面高压接触区产生的瞬间闪温使硅酸盐矿物材料在摩擦副表面发生微烧结、微冶金过程，最终在摩擦副表面形成金属陶瓷修复层，使磨损零部件的尺寸得到逐步恢复。由于金属摩擦副表面微观上凸凹不平，摩擦副的配合表面之间充满着大量磨屑、润滑油和自修复材料的衍生物，当设备运行时，两摩擦表面的微凸体之间进行相互挤压、剪切、碰撞和摩擦，对自修复材料进行进一步精细研磨，使其充分细化。细化后的自修复材料具有更强的吸附渗透能力，在摩擦过程中容易吸附渗透在摩擦表面，表面凹坑处存留的污染物逐渐被研磨细化的修复剂微粒取代。磨损严重的部位，摩擦能量较大，发生微烧结、微冶金的机会也越多，随着零件摩擦表面几何形状的修复和配合间隙的优化，摩擦能量逐步降低，微烧结机会随之减少；另一方面，由于生成的金属陶瓷保护层具有较高的硬度和表面光洁度，摩擦系数显著降低，摩擦产生的热量也极大降低，微烧结、微冶金的机会随之减少，当形成的修复层厚度与磨损量相对平衡时，机械设备各运转部件也随之调整到最佳配合间隙，并能保持较长时间。

（5）氧化-分解-催化复合机制

该机制[127-130] 认为，层状硅酸盐矿物在摩擦表面释放活性基团并发生脱水反应，形成的高活性氧原子与摩擦表面发生摩擦化学反应，同时释放 SiO_2 和 Al_2O_3 颗粒镶嵌在摩擦表面，从而形成具有多孔结构的陶瓷颗粒增强氧化物自修复膜。此外，硅酸盐矿物在摩擦过程中进一步细化并充当固体润滑剂，同时对润滑油裂解产生一定的催化作用，促进摩擦表面形成类金刚石膜或石墨。氧化物自修复膜的优异力学性能，亚微米级氧化物陶瓷颗粒的嵌入强化与摩擦表面微坑的储油及对磨屑的捕获作用（图 1-6），以及摩擦表面碳材料及纳米硅酸盐的固体润滑作用，使硅酸盐矿物表现出优异的摩擦学性能。

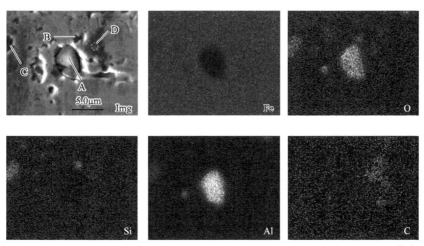

图 1-6　含蛇纹石油样润滑下磨损表面自修复膜的形貌及元素面分布照片[41]

（6）磨屑-硅酸盐重组成膜机制

该机制认为[104-108]，层状硅酸盐/金属复合材料在摩擦过程中，摩擦表面逐渐发生磨损从而产生磨屑，填充在基体材料中的层状硅酸盐颗粒逐渐被剥离出来，层状硅酸盐颗粒在摩擦热和剪切力作用下生成活性基团及活性氧原子，与基体发生反应生成自修复膜，摩擦过程中产生的金属磨屑同样参与了自修复膜的生成，与此同时，被剥离出的部分层状硅酸盐颗粒会填充在磨损表面，参与自修复膜的构成（图 1-7）。总体来讲，该机制是前面提到各种机制作用下的复合机制，表面所生成的自修复膜成分与这些机制所生成的自修复膜成分相同，并且具备同样的物理性能和摩擦学性能。

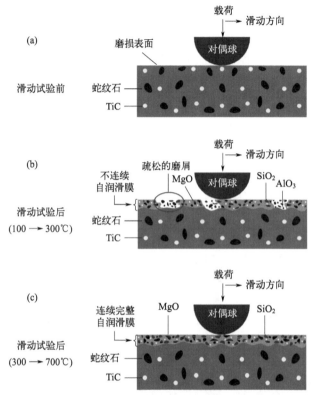

图 1-7　层状硅酸盐/金属复合材料自修复膜生成机理[104]

（a）摩擦磨损前；（b）自修复层生成过程；（c）完全生成光滑的自修复层

（7）摩擦转移膜机制

该机制认为[28,96-98,131-137]，对于层状硅酸盐填充的高分子材料与金属材料形成的摩擦副，由于高分子复合材料比金属材料硬度低，因此在摩擦过程中更容易黏着在金属摩擦表面[138]，这些磨屑游离在摩擦副之间，在摩擦热的作用下在金属摩擦表面形成一层光滑且不连续的转移膜，从而有效防止金属材料与复合材料的直接接触[28,134,135]。高分子复合材料在摩擦过程中产生的磨屑包含基体材料碎片和层状硅酸盐颗粒[131]，层状硅酸盐颗粒则是转移膜生成的重要条件。首先，层状硅酸盐的存在有利于金属摩擦表面转移膜的生成[98,131]，层状硅酸盐的存在抑制了基体材料的分子链断裂，产生的磨屑更小，更有利于金属摩擦表面转移膜的生成[96,98]；另外，层状硅酸盐颗粒参与到转移膜的生成过程中，能够对转移膜起到增强作用[28,134-137,139]，避免了材料的进一步磨损。

高分子复合材料的转移膜形成机制[28,96,97] 与金属基复合材料不同之处在于，高分子复合材料的基体在摩擦过程中并未发生氧化反应，在金属摩擦表面形成的转移膜中除了有被剥离出的层状硅酸盐与金属摩擦副之间的反应物外，还发现有来自高分子复合材料中的基体材料（图 1-8），也就是说转移膜由金属氧化物及高分子材料组成。

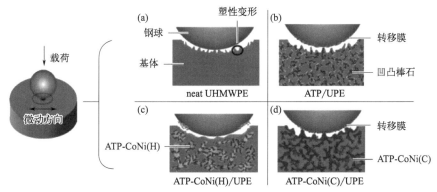

图 1-8　枝接 Ni 凹凸棒石填充 UHMWPE 转移膜形成机理[96]

参考文献

［1］ Dasic P. International Standardization and Organizations in the Field of Tribology［J］. Industrial Lubrication and Tribology，2003，55（6）：287-291.

［2］ 谢友柏，张嗣伟. 摩擦学科学及工程应用现状与发展战略研究——摩擦学在工业节能、降耗、减排中地位与作用的调查［M］. 北京：高等教育出版社，2009.

［3］ Yu H L，Xu Y，Shi P J，et al. Characterization and nano-mechanical properties of tribofilms using Cu nanoparticles as additives［J］. Surface & Coatings Technology，2008，203：28-34.

［4］ 刘维民. 纳米颗粒及其在润滑油脂中的应用［J］. 摩擦学学报，2003，23（4）：2-4.

［5］ Rapoport L，Nepomnyashchy O，Lapsker I，et al. Behavior of fullerene-like WS$_2$ nanoparticles under severe contact conditions［J］. Wear，2005，259：703-707.

［6］ Ye P P，Jiang X X，Li S，et al. Preparation of NiMoO$_2$S$_2$ nanoparticles and investigation of its tribological behavior as additive in lubricating oils［J］. Wear，2002，253：572-575.

［7］ Yang P，Zhao X，Liu Y，et al. Preparation and tribological properties of dual-coated CuO nanoparticles as water based lubricant additives［J］. Journal of Nanoscience Nanotechnology，2016，16：9683-9689.

[8] Jiang Z Q, Yang G B, Zhang Y J, et al. Facile method preparation of oil-soluble tungsten disulfide nanosheets and their tribological properties over a wide temperature range [J]. Tribology International, 2019, 135: 287-295.

[9] Hou X, He J, Yu L G, et al. Preparation and tribological properties of fluorosilane surface-modified lanthanum trifluoride nanoparticles as additive of fluoro silicone oil [J]. Apply Surface Science, 2014, 316: 515-523.

[10] 张明, 王晓波, 伏喜胜, 等. 油溶性纳米 Cu 在微动磨损条件下的自修复行为与机理研究 [J]. 摩擦学学报, 2005, 25 (6): 504-509.

[11] Ci X J, Zhao W J, Luo J, et al. Revealing the lubrication mechanism of fluorographene nanosheets enhanced GTL-8 based nanolubricant oil [J]. Tribology International, 2019, 138: 174-183.

[12] Lee G J, Park J J, Lee M K, et al. Stable dispersion of nanodiamonds in oil and their tribological properties as lubricant additives [J]. Apply Surface Science, 2017, 415: 24-27.

[13] 许一, 徐滨士, 史佩京, 等. 微纳米减摩自修复技术的研究进展及关键问题 [J]. 中国表面工程, 2009, 22 (2): 7-14.

[14] 徐滨士, 张伟, 刘世参, 等. 现代装备智能自修复技术 [J]. 中国表面工程, 2004, 17 (1): 1-4.

[15] Bai Z M, Li G J, Zhao F Y, et al. Tribological performance and application of antigorite as lubrication materials [J]. Lubricants, 2020, 8 (10): 93.

[16] Zhang Z, Yin Y L, Yu H L, et al. Tribological behaviors and mechanisms of surface-modified sepiolite powders as lubricating oil additives [J]. Tribology International, 2022, 173: 107637.

[17] Yu H L, Xu Y, Shi P J, et al. Tribological behaviors of surface-coated serpentine ultrafine powders as lubricant additive [J]. Tribology International, 2010, 43 (3): 667-675.

[18] Yu H L, Wang H M, Yin Y L, et al. Tribological behaviors of natural attapulgite nanofibers as an additive for mineral oil investigated by orthogonal test method [J]. Tribology International, 2021, 153: 106562.

[19] 许一, 于鹤龙, 赵阳, 等. 层状硅酸盐自修复材料的摩擦学性能研究 [J]. 中国表面工程, 2009 (3): 58-61.

[20] 于鹤龙, 许一, 史佩京, 等. 蛇纹石润滑油添加剂摩擦反应膜的力学特征与摩擦学性能 [J]. 摩擦学学报, 2012, 32 (5): 500-506.

[21] Yu H L, Xu Y, Shi P J, et al. Microstructure, mechanical properties and tribological behavior of tribofilm generated from natural serpentine mineral powders as lubricant additive [J]. Wear, 2013, 297: 802-810.

[22] Zhang B, Xu B, Xu Y, et al. Cu nanoparticles effect on the tribological properties of hydrosilicate powders as lubricant additive for steel-steel contacts [J]. Tribology International, 2011, 44 (7-8): 878-886.

[23] Nan F, Xu Y, Xu B, et al. Effect of natural attapulgite powders as lubrication additive on the friction and wear performance of a steel tribo-pair [J]. Applied Surface Science, 2014, 307: 86-91.

[24] Nan F, Xu Y, Xu B, et al. Tribological Performance of Attapulgite Nano-fiber/Spherical Nano-Ni as

Lubricant Additive [J]. Tribology Letters, 2014, 56 (3): 531-541.

[25] Nan F, Zhou K, Liu S, et al. Tribological properties of attapulgite/La$_2$O$_3$ nanocomposite as lubricant additive for a steel/steel contact [J]. RSC Advances, 2018, 8 (3): 16947-16956.

[26] Wang L M, Xu B S, Xu Y, et al. Wear Failure Behavior of Steel Surface with Palygorskite Powders as Lubricant Additives [J]. Key Engineering Materials, 2012, 525-526: 329-332.

[27] Lai S, Li T, Liu X, et al. The tribological properties of PTFE filled with thermally treated nano-attapulgite [J]. Tribology International, 2006, 39 (6): 541-547.

[28] Meng Z, Wang Y, Xin X, et al. Effects of attapulgite on the worn surface and fretting wear resistance property of UHMWPE composites [J]. Industrial Lubrication and Tribology, 2020, 72 (7): 821-827.

[29] Nan F, Xu Y, Xu B, et al. Effect of Cu Nanoparticles on the Tribological Performance of Attapulgite Base Grease [J]. Tribology Transactions, 2015, 58 (6): 1031-1038.

[30] Nan F, Yin Y. Improving of the tribological properties of attapulgite base grease with grapheme [J]. Lubrication Science, 2021, 33 (7): 380-393.

[31] Wang Z, Xia Y, Liu Z. Comparative study of the tribological properties of ionic liquids as additives of the attapulgite and bentone greases [J]. Lubrication Science, 2012, 24 (4): 174-187.

[32] Chen T, Xia Y, Liu Z, et al. Preparation and tribological properties of attapulgite-bentonite clay base grease [J]. Industrial Lubrication and Tribology, 2014, 66 (4): 538-544.

[33] Long D G F, Mcdonald A M, Yi F C, et al. Palygorskite in palaeosols from the miocene xiacaowan formation of Jiangsu and Anhui provinces China [J]. Sedimentary Geology, 1997, 112: 281-295.

[34] Arieh Singer, Willem Kirsten, Christel Buhmann. Fibrous Clay Minerals in the Soils of Namaqualand South Africa: Characteristics and Formation [J]. Geoderma, 1995, 66: 43-70.

[35] Cao E, Bryant R, Williams D J A. An Electron-Microscopic Study of Na-Attapulgite Particles [J]. Colloid and Polymer Science, 1998, 276: 842-846.

[36] Zhang J H, Zhang L L, Lv S J, et al. Exceptional visible-light-induced photocatalytic activity of attapulgite-BiOBr-TiO$_2$ nanocomposites [J]. Applied Clay Science, 2014, 90: 135-140.

[37] 郑茂松, 王爱勤, 詹庚申. 凹凸棒石黏土应用研究 [M]. 北京: 化学工业出版社, 2007.

[38] 潘兆橹. 结晶学及矿物学 [M]. 北京: 地质出版社, 1994.

[39] Stephen A. Nelson. Phyllosilicates [J]. Earth Materials, 2006 (10): 1-7.

[40] 潘群雄. 无机材料科学基础 [M]. 北京: 化学工业出版社, 2007.

[41] Branley W F. The structural scheme of attapulgite [J]. American Mineralogist, 1940, 25 (6): 405-410.

[42] Leboda R, Chodorowski S, Skubiszewska-Zieba J, et al. Effect of the Carbonaceous Matter Deposition on the Textural and Surface Properties of Complex Carbon-Mineral Adsorbents Prepared on the Basis of Palygorskite [J]. Colloids and Surfaces, 2001, 178: 113-128.

[43] Fernandez M E, Ascencio J A, Mendoza-anaya D, et al. Experimental and Theoretical Studies of Palygorskite Clays [J]. Journal of Materials Science, 1999, 34: 5243-5255.

[44] 金永铎，董高翔．非金属矿石物化性能测试和成分分析手册［M］．北京：科学出版社，2004．

[45] 张博．基于纳米凹凸棒石的在线修复型润滑脂制备与摩擦学机理研究［D］．北京：装甲兵工程学院，2012．

[46] Olson R A，Tennis P D，Bonen D，et al. Early Containment of High-Alkaline Solution Simulating Low-Level Radioative Waste in Blended Cement［J］．Journal of Hazardous Materials，1997，52：223-236．

[47] Viseras C，A. Lopez-Galindo. Pharmaceutical Applications of some Spanish Clays（Sepiolite，Palygorskite，Bentonite）：Some Preformulation Studies［J］．Applied Clay Science，1999，14：69-82．

[48] Haydn H. Murray. Traditional and New Applications for Kaolin，Smectite，and Palygorskite：A General Overview［J］．Applied Clay Science，2000，17：207-221．

[49] Feng Xu，Shichun Mu，Mu Pan. Mineral Nanofibre Reinforced Composite Polymer Electrolyte Membranes with Enhanced Water Retention Capability in Pem Fuel Cells［J］．Journal Of Membrane Science，2011，377：134-140．

[50] 詹庚申，郑茂松．美国凹凸棒石黏土开发应用浅议［J］．非金属矿，2005，28（2）：36-39．

[51] Raleigh C B，Paterson M S. Experimental deformation of serpentinite and its tectonic implications［J］．Journal of Geophysical Research，1965，70（16）：3965-3985．

[52] Carlos A D，John M L. Implications of the mechanical and frictional behavior of serpentinite to seismogenic faulting［J］．Journal of Geophysical Research：Solid Earth，1981，86（B11）．

[53] 张沈生，高云秋．汽车维修新技术-金属磨损自修复材料［J］．国防技术基础，2003（05）：7-8．

[54] 董伟达．金属磨损自修复材料［J］．汽车工艺与材料，2003（05）：31-35．

[55] 刘家浚，郭凤炜．一种摩擦表面自修复技术的应用效果及分析［J］．中国表面工程，2004（03）：42-45．

[56] 李岩松，崔振杰．金属磨损的自修复技术［J］．重型汽车，2003（04）：19．

[57] 喻雳，张景春．用"摩圣"解决煤气压缩机摩擦表面的磨损问题［J］．中国设备工程，2003（04）：54-55．

[58] Rao X，Sheng C，Guo Z，et al. Anti-friction and self-repairing abilities of ultrafine serpentine，attapulgite and kaolin in oil for the cylinder liner-piston ring tribo-systems［J］．Lubrication Science，2022，34（3）：210-223．

[59] Abdo J. Nano-attapulgite for improved tribological properties of drilling fluids［J］．Surface and Interface Analysis，2014，46（10-11）：882-887．

[60] Bo Z，Binshi X，Yi X，et al. Research on Tribological Characteristics and Worn Surface Self-Repairing Performance of Nano Attapulgite Powders Used in Lubricant Oil as Addictive［J］．Rare Metal Materials and Engineering，2012（S1）：336-340．

[61] Wang C，Li C，Zhang X. Tribological behaviors and self-healing performance of surface modification nanoscale palygorskite as lubricant additive for the steel pair［J］．Materials Research Express，2020，7（10）：106517．

[62] Nan F，Xu Y，Xu B，et al. Tribological behaviors and wear mechanisms of ultrafine magnesium alu-

minum silicate powders as lubricant additive [J]．Tribology International，2015，81：199-208.

[63]　许一，南峰，徐滨士．凹凸棒石/油溶性纳米铜复合润滑添加剂的摩擦学性能 [J]．材料工程，
　　　2016，44（10）：41-46.

[64]　南峰，许一，高飞，等．凹凸棒石粉体作为润滑油添加剂的摩擦学性能 [J]．硅酸盐学报，2013，
　　　41（06）：836-841.

[65]　王利民，许一，高飞，等．凹凸棒石黏土作为润滑油添加剂的摩擦学性能 [J]．中国表面工程，
　　　2012，25（03）：92-97.

[66]　尹艳丽，于鹤龙，王红美，等．不同结构层状硅酸盐矿物作为润滑油添加剂的摩擦学性能 [J]．硅
　　　酸盐学报，2020，48（02）：299-308.

[67]　王陈向，闫嘉昕，范利锋，等．改性纳米坡缕石在油润滑中的减摩抗磨性能研究 [J]．表面技术，
　　　2019，48（12）：218-225.

[68]　张博，许一，李晓英，等．纳米凹凸棒石对磨损表面的摩擦改性 [J]．粉末冶金材料科学与工程，
　　　2012，17（04）：514-521.

[69]　张保森，徐滨士，张博，等．纳米凹土纤维对碳钢摩擦副的润滑及原位修复效应 [J]．功能材料，
　　　2014，45（01）：1044-1048.

[70]　吴雪梅，周元康，杨绿，等．纳米坡缕石润滑油添加剂对 45♯ 钢摩擦副的抗磨及自修复性能 [J]．
　　　材料工程，2012（04）：82-87.

[71]　杨绿，周元康，李屹，等．纳米坡缕石润滑油添加剂对灰铸铁 HT200 摩擦磨损性能的影响 [J]．
　　　材料工程，2010（04）：94-98.

[72]　南峰，许一，高飞，等．热处理对凹凸棒石摩擦学性能的影响 [J]．材料热处理学报，2014，35
　　　（02）：1-5.

[73]　南峰，许一，高飞，等．热活化对凹凸棒石润滑材料减摩修复性能的影响 [J]．功能材料，2014，
　　　45（11）：11018-11022.

[74]　张博，许一，徐滨士，等．亚微米颗粒化凹凸棒石粉体对 45♯ 钢的减摩与自修复 [J]．摩擦学学
　　　报，2012，32（03）：291-300.

[75]　Yang L，Zhou Y，Li Y，et al. Effect of Ag Content in Palygorskite/Ag Blending Nanocomposite on
　　　Friction and Wear Properties of 45 Mild Steel Tribopair [J]．Integrated Ferroelectrics，2013，145
　　　（1）：10-16.

[76]　Yang L，Li Y，Zhou Y K，et al. Effects of Ag-Carried Content in P/Ag Nanocomposites on Tribo-
　　　logical Properties of 45 Mild Steel Friction Pairs [J]．Materials Science Forum，2011，694：17-22.

[77]　吴雪梅，杨绿，周元康，等．超微坡缕石/Cu 复合粉体作为润滑油添加剂的摩擦学性能 [J]．材料
　　　工程，2018，46（09）：88-94.

[78]　杨绿，周元康，李屹，等．坡缕石/Ag 复合纳米材料添加剂的自修复性能研究 [J]．材料工程，
　　　2012（03）：12-16.

[79]　陈建海，丁旭，吴雪梅，等．坡缕石载铜复合纳米润滑添加剂的制备及摩擦学性能研究 [J]．润滑
　　　与密封，2011，36（07）：56-60.

[80]　聂丹，杨绿，孙丽华，等．载荷对坡缕石载银复合纳米润滑剂自修复性能的影响 [J]．非金属矿，

2011，34（04）：73-75.

[81] 许一，张保森，徐滨士，等. 纳米金属/层状硅酸盐复合润滑添加剂的摩擦学性能 [J]. 功能材料，2011，42（08）：1368-1371.

[82] Wu X M，Zhou Y K，Yang L. Tribological Properties and Self-Repairing Effect of Palygorskite /Copper Nanocomposites as Lubricating Oil Additive [J]. Materials Science Forum，2011，694：219-223.

[83] 丁旭，陈建海，周元康，等. 不同组分比的坡缕石-铜复合纳米颗粒的摩擦学性能研究 [J]. 润滑与密封，2011，36（08）：54-58.

[84] Lyubimov D N，Dolgopolov K N，Kozakov A T，et al. Improvement of performance of lubricating materials with additives of clayey minerals [J]. Journal of Friction and Wear，2011，32（6）：442-451.

[85] Chen T D，Xia Y Q，Liu Z L，et al. Preparation and tribological properties of attapulgite-bentonite clay base grease [J]. Industrial Lubrication and Tribology，2014，66（4）.

[86] Wang Z，Xia Y，Liu Z. Study the Sensitivity of Solid Lubricating Additives to Attapulgite Clay Base Grease [J]. Tribology Letters，2011，42（2）.

[87] 王泽云. 氨基酰胺修饰的凹凸棒土润滑脂对 MoDDP 和 ZDDP 的感受性研究 [J]. 石油化工应用，2016，35（05）：112-115，119.

[88] Yu C，Ke Y，Hu X，et al. Effect of Bifunctional Montmorillonite on the Thermal and Tribological Properties of Polystyrene/Montmorillonite Nanocomposites [J]. Polymers，2019，11（5）：834.

[89] Fan B，Yang Y，Feng C，et al. Tribological Properties of Fabric Self-Lubricating Liner Based on Organic Montmorillonite （OMMT） Reinforced Phenolic （PF） Nanocomposites as Hybrid Matrices [J]. Tribology Letters，2015，57（3）.

[90] Silvano J D R，Santa R A A B，Martins M A P M，et al. Nanocomposite of erucamide-clay applied for the control of friction coefficient in surfaces of LLDPE [J]. Polymer Testing，2018，67：1-6.

[91] Majeed B，Basturk S. Analysis of polymeric composite materials for frictional wear resistance purposes [J]. Polymers and Polymer Composites，2021，29（2）：127-137.

[92] Orozco V H，Vargas A F，Brostow W，et al. Tribological Properties of Polypropylene Composites with Carbon Nanotubes and Sepiolite [J]. Journal of Nanoscience and Nanotechnology，2014，14（7）：4918-4929.

[93] Sleptsova S A，Afanasèva E S，Grigorèva V P. Structure and Tribological Behavior of Polytetrafluoroethylene Modified with Layered Silicates1 [J]. Journal of Friction and Wear，2009，30（6）：431-437.

[94] Jia Z，Yang Y. Self-lubricating properties of PTFE/serpentine nanocomposite against steel at different loads and sliding velocities [J]. Composites Part B：Engineering，2012，43（4）：2072-2078.

[95] Jia Z，Yang Y，Chen J，et al. Influence of serpentine content on tribological behaviors of PTFE/serpentine composite under dry sliding condition [J]. Wear，2010，268（7-8）：996-1001.

[96] Meng Z，Wang Y，Xin X，et al. Enhanced fretting wear performance of UHMWPE composites by

grafting Co-Ni layered double hydroxides on attapulgite nanofibers [J]. Tribology International, 2021, 153: 106628.

[97]　Meng Z, Wang Y, Liu H, et al. Reinforced UHMWPE composites by grafting TiO$_2$ on ATP nanofibers for improving thermal and tribological properties [J]. Tribology International, 2022, 172: 107585.

[98]　Lai S, Li T, Liu X, et al. A Study on the Friction and Wear Behavior of PTFE Filled with Acid Treated Nano-Attapulgite [J]. Macromolecular Materials and Engineering, 2004, 289 (10): 916-922.

[99]　Lai S, Yue L, Li T. Mechanism of filler action in reducing the wear of PTFE polymer by differential scanning calorimetry [J]. Journal of Applied Polymer Science, 2007, 106 (5): 3091-3097.

[100]　Meng Z, Wang Y, Xin X, et al. The influence of several silicates on the fretting behavior of UHM-WPE composites [J]. Journal of Applied Polymer Science, 2020, 137 (43): 49335.

[101]　Lai S, Yue L, Li T, et al. An Investigation of Friction and Wear Behaviors of Polyimide/Attapulgite Hybrid Materials [J]. Macromolecular Materials and Engineering, 2005, 290 (3): 195-201.

[102]　沈旭, 俞娟, 穆丽柏, 等. 凹凸棒土改性聚酰亚胺复合材料的摩擦磨损性能 [J]. 润滑与密封, 2012, 37 (12): 69-73.

[103]　闫普选, 王玉峰, 卢江荣, 等. 凹凸棒/石墨协同改性氟橡胶复合材料摩擦磨损性能 [J]. 润滑与密封, 2017, 42 (08): 110-114.

[104]　Chen M, Xu Z, Xue B, et al. Friction and wear performance of a NiAl-8 wt% serpentine-2 wt% TiC composite at high temperatures [J]. Materials Research Express, 2018, 5 (9): 96521.

[105]　李思勉, 章桥新, 张佳欢. 含蛇纹石钛铝基复合材料摩擦学特性研究 [J]. 武汉理工大学学报, 2016, 38 (05): 13-17.

[106]　Xue B, Jing P, Ma W. Tribological Properties of NiAl Matrix Composites Filled with Serpentine Powders [J]. Journal of Materials Engineering and Performance, 2017, 26 (12): 5816-5824.

[107]　Li X, Shi T, Zhang C, et al. Improved wear resistance and mechanism of titanium aluminum based alloys reinforced by solid lubricant materials [J]. Materials Research Express, 2018, 5 (8): 86502.

[108]　Wu J, Wang X, Zhou L, et al. Preparation, mechanical and anti-friction properties of Al/Si/serpentine composites [J]. Industrial Lubrication and Tribology, 2018, 70 (6): 1051-1059.

[109]　胡海峰, 朱新河. 铝合金微纳米蛇纹石改性微弧氧化陶瓷膜自修复性能 [J]. 金属热处理, 2017, 42 (09): 168-171.

[110]　胡海峰, 刘新建, 王连海, 等. 蛇纹石纳米粒子对 ZL109 铝合金活塞微弧氧化膜层摩擦性能的影响 [J]. 润滑与密封, 2017, 42 (10): 75-79.

[111]　郑世斌, 程东, 于光宇, 等. 蛇纹石复合微弧氧化膜层制备及工艺参数优化 [J]. 金属热处理, 2018, 43 (04): 213-219.

[112]　Zhao X, Liu J, Zhu J, et al. Preparation and characterization of melamine-resin/organosilicon/Na$^+$-montmorillonite composite coatings on the surfaces of micro-arc oxidation of aluminum alloy

[J]. Progress in Organic Coatings, 2019, 133: 249-254.

[113] 宋修福. 低温镀铁及添加自修复材料复合镀的研究 [D]. 大连：大连海事大学，2010.

[114] Xi Z, Sun J, Chen L, et al. Influence of Natural Serpentine on Tribological Performance of Phosphate Bonded Solid Coatings [J]. Tribology Letters, 2022, 70 (2): 42.

[115] 高玉周，张会臣，许晓磊，等. 硅酸盐粉体作为润滑油添加剂在金属磨损表面成膜机制 [J]. 润滑与密封，2006 (10): 39-42.

[116] 张博，徐滨士，许一，等. 微纳米层状硅酸盐矿物润滑材料的摩擦学性能研究 [J]. 中国表面工程，2009, 22 (01): 29-32.

[117] Wang B, Zhong Z, Qiu H, et al. Nano Serpentine Powders as Lubricant Additive: Tribological Behaviors and Self-Repairing Performance on Worn Surface [J]. Nanomaterials, 2020, 10 (5): 922.

[118] Bai Z M, Yang N, Guo M, et al. Antigorite: Mineralogical characterization and friction performances [J]. Tribology International, 2016, 101: 115-121.

[119] Qi X, Lu L, Jia Z, et al. Comparative tribological properties of magnesium hexasilicate and serpentine powder as lubricating oil additives under high temperature [J]. Tribology International, 2012, 49: 53-57.

[120] Pogodaev L I, Buyanovskii I A, Kryukov E Y, et al. The mechanism of interaction between natural laminar hydrosilicates and friction surfaces [J]. Journal of Machinery Manufacture and Reliability, 2009, 38 (5): 476-484.

[121] Dolgopolov K N, Lyubimov D N, Ponomarenko A G, et al. The structure of lubricating layers appearing during friction in the presence of additives of mineral friction modifiers [J]. Journal of Friction and Wear, 2009, 30 (5): 377-380.

[122] Dolgopolov K N, Lyubimov D N, Kozakov A T, et al. Tribochemical aspects of interactions between high-dispersed serpentine particles and metal friction surface [J]. Journal of Friction and Wear, 2012, 33 (2): 108-114.

[123] Yuansheng J, Shenghua L, Zhengye Z, et al. In situ mechanochemical reconditioning of worn ferrous surfaces [J]. Tribology International, 2004, 37 (7): 561-567.

[124] 金元生. 蛇纹石内氧化效应对铁基金属磨损表面自修复层生成的作用 [J]. 中国表面工程，2010, 23 (01): 45-50.

[125] 许一，于鹤龙，赵阳，等. 层状硅酸盐自修复材料的摩擦学性能研究 [J]. 中国表面工程，2009, 22 (03): 58-61.

[126] 张博，徐滨士，许一，等. 羟基硅酸镁对球墨铸铁摩擦副耐磨性能的影响及自修复作用 [J]. 硅酸盐学报，2009, 37 (04): 492-496.

[127] Yu H L, Xu Y, Shi P J, et al. Effect of thermal activation on the tribological behaviours of serpentine ultrafine powders as an additive in liquid paraffin [J]. Tribology International, 2011, 44 (12): 1736-1741.

[128] Yin Y L, Yu H L, Wang H M, et al. Friction and wear behaviors of steel/ bronze tribopairs lubricated by oil with serpentine natural mineral additive [J]. Wear, 2020, 456-457: 203387.

［129］　Yu H，Xu Y，Shi P，et al. Microstructure，mechanical properties and tribological behavior of tribofilm generated from natural serpentine mineral powders as lubricant additive［J］. Wear，2013，297（1-2）：802-810.

［130］　Zhang B，Xu Y，Gao F，et al. Sliding friction and wear behaviors of surface-coated natural serpentine mineral powders as lubricant additive［J］. Applied Surface Science，2011，257（7）：2540-2549.

［131］　Wang W，Zhao F Y，Zhang J，et al. Significant friction and wear-reduction role of attapulgite nanofibers compounded in PEEK-Based materials［J］. Composites Science and Technology，2022，230：109449.

［132］　Meng Z，Wang Y，Xin X，et al. The influence of several silicates on the fretting behavior of UHMWPE composites［J］. Journal of Applied Polymer Science，2020，137（43）：49335.

［133］　Lai S，Yue L，Li T. Mechanism of filler action in reducing the wear of PTFE polymer by differential scanning calorimetry［J］. Journal of Applied Polymer Science，2007，106（5）：3091-3097.

［134］　吴迪，白志民，张晶. 凹凸棒石-硅灰石/PTFE 复合材料摩擦磨损性能及其机理［J］. 硅酸盐学报，2021，49（10）：2078-2088.

［135］　王伟，张利刚，赵福燕，等. 凹凸棒石增强环氧树脂的摩擦性能［J］. 硅酸盐学报，2021，49（06）：1222-1229.

［136］　吴迪，赵福燕，李桂金，等. 凹凸棒石和硅灰石对 PTFE 摩擦磨损行为影响［J］. 工程塑料应用，2021，49（10）：102-109.

［137］　喻萍，王伟，许永坤，等. 凹凸棒石增强聚酰亚胺复合材料的干摩擦性能研究［J］. 摩擦学学报，2023，43（02）：209-219.

［138］　Wang J，Chen B，Yan F，et al. Pattern abrasion of ultra-high molecular weight polyethylene：Microstructure reconstruction of worn surface［J］. Wear，2011，272（1）：176-183.

［139］　沈旭，俞娟，穆丽柏，等. 凹凸棒土改性聚酰亚胺复合材料的摩擦磨损性能［J］. 润滑与密封，2012，37（12）：69-73.

第2章 凹凸棒石矿物粉体的细化与改性处理

2.1 概述

　　凹凸棒石粉体的制备工艺不同于采用物理或化学方法合成纳米尺度颗粒，其取材于天然矿物原石，经机械破碎、粉碎、研磨或球磨细化工艺获得。而凹凸棒石粉体属于典型的一维纳米材料，主要呈现棒晶、晶束和聚集体3种形态，因比表面积大、表面活性高，极易发生团聚，通常以大颗粒聚集体形式存在[1,2]。微纳米粉体材料在润滑介质中有效维持自身形态并保持良好的分散稳定性，是决定其能否发挥减摩润滑及自修复作用，并实现摩擦学工程应用的关键因素。通常要求作为润滑油（脂）添加剂的微纳米超细粉体，除了不对润滑剂的理化特性产生负面影响外，其颗粒尺寸应尽量细小，同时与有机润滑介质之间具有良好的相溶性[3,4]。一方面，细化的粉体颗粒承受更小的重力、趋于规则的表面形态和具有更大的比表面积，有利于在润滑介质中稳定悬浮并保持更高活性；另一方面，避免因颗粒尺寸过大而充当第三体磨粒加剧磨损。

　　同时，应用凹凸棒石粉体作为稠化剂和自修复成分制备在线修复型润滑脂时，需要粉体中的聚集体解离，形成具有稳定分散性、颗粒之间相互独立的纤维状晶束或棒晶，使其有利于在成脂过程中形成空间多层交叉网状结构骨架，与基础油形成稳定的分散体系，并使基础油被吸附和固定在结构骨架之中，从而形成具有塑性的半固体状润滑脂。因此，在进行粉体细化提纯的基础上，为降低凹凸棒石微粉的表面活性，提高其与润滑油（脂）的相容性，避免团聚为大尺寸颗粒，增强其在非极性载体中的分散能力及分散稳定性，需通过合理地遴选改性试剂、设计改性工艺对其进行表面有机改性。

　　此外，凹凸棒石矿物在一定的温度下会发生脱水反应以及晶体间原子转移，导致晶体结构和物相发生变化，进而改变矿物的硬度、比表面积、吸附性和离子交换性能等理化性质，从而影响其摩擦学性能。而大量研究证实，摩擦过程中接触表面微凸体在载荷和剪切作用下发生相互碰撞、挤压或滑移，由此导致的局部高压和闪温环境会诱发凹凸棒石矿物发生脱水反应或产生晶体结构变化，形成的多种反应产物和活性基团会参与摩擦表面复杂的摩擦物理化学反应，进而影响摩擦表面的减摩润滑进程[5-8]。因此，有必要研究不同温度作用下凹凸棒石矿物粉体的脱水反应过程及热相变机理，进而掌握其热相变规律，为开展层状硅酸盐矿物自修复反应活性调控，研究揭示矿物粉体结构、性能及摩擦表面行为之间的相互关系提供依据。

本章采用纳米砂磨机和行星球磨机分别对凹凸棒石矿物原料粉体进行了湿法和干式研磨/球磨细化，考察了细化工艺对粉体粒度及形貌的影响；介绍了酸活化处理与热处理对凹凸棒石粉体形貌、物相、成分的影响规律，讨论了凹凸棒石矿物粉体的脱水反应过程及热相变机理；探索了分别以硅烷偶联剂、阳离子表面活性剂和油酸为改性剂的多种粉体改性工艺，评价了不同工艺处理凹凸棒石矿物粉体的表面改性效果，探讨了粉体颗粒的表面改性机制。

2.2　凹凸棒石矿物粉体的细化处理

2.2.1　原料

所用凹凸棒石矿物粉体原料产自江苏盱眙，由江苏玖川纳米材料科技发展有限公司提供，属沉积型凹凸棒石黏土矿物，经过工业提纯，其微观形貌与宏观照片如图 2-1 所示。原矿粉体主要以大尺寸颗粒形式存在，而提纯后粉体则呈细小纤维状。

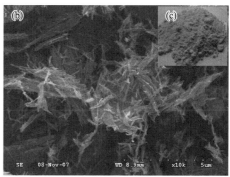

图 2-1　原料与提纯后凹凸棒石矿物粉体形貌的 SEM 照片

（a）原矿 SEM 照片；（b）、（c）提纯后 SEM 照片与宏观数码照片

采用紫外线荧光光谱仪对凹凸棒石矿物的化学成分进行分析，结果表明其主

要组分为 MgO、Al_2O_3、SiO_2、Fe_2O_3 和 H_2O，所占质量百分比分别为 15.45%、9.77%、66.22% 和 5.99%，同时粉体中还含有微量的 TiO_2、K_2O 和 CaO 等杂质氧化物，化学组成见表 2-1。

表 2-1　凹凸棒石矿物的化学组成

氧化物种类	SiO_2	MgO	Al_2O_3	Fe_3O_2	CaO	K_2O	TiO_2	H_2O
质量百分含量/%	66.22	15.45	9.77	5.99	0.58	1.04	0.55	12.71

根据表 2-1 所示的矿物各组分含量得到江苏盱眙凹凸棒石矿物的计量化学式近似为 $Mg_{2.78}Al_{1.39}Fe_{0.39}Si_8O_{20}(OH)_{2.9} \cdot 6.71H_2O$，与 Bradley（1940）和 Caillere-Henin（1961）提出的理想结构式 $MgAl_3Si_8O_{20}(OH)_3(OH_2)_3 \cdot (H_2O)_{4\text{-}5}$，以及 Zoltai-Stoul（1992）提出的理想化学式 $Mg_5(HO)_2Si_8O_{20} \cdot 4H_2O$ 均存在一定的差别，说明此凹凸棒石为富含 Al 和 Fe 的变种。

进一步采用 X 射线衍射仪（XRD）对粉体进行物相分析，结果如图 2-2 所示。与标准卡片进行比对后确认，粉体的各衍射峰与 00-020-0688 中 $Mg_5Si_8O_{20}$ $(OH)_2(OH_2)_4 \cdot 8H_2O$ 的（110）、（200）、（130）、（040）、（121）和（240）晶面衍射峰和 00-031-0783 中 $Mg_5(Si,Al)_8O_{20}(OH)_2(OH_2)_4 \cdot 8H_2O$ 的（110）、（200）、（130）、（040）、（-121）、（231）、（002）和（-161）等晶面衍射峰高度吻合，杂质成分未在 XRD 图谱上显示，进一步说明所用凹凸棒石粉体结构中 Si-O 四面体层发生了类质同晶置换，其纯度相对较高。

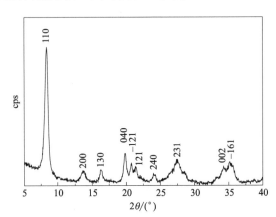

图 2-2　试验用凹凸棒石矿物粉体的 XRD 谱图

2.2.2　纳米砂磨机细化处理

分别以蒸馏水和矿物基础油作为料浆载体，采用 Retsch Mini-E 型纳米砂磨机对凹凸棒石原料粉体进行水基和油基湿法研磨细化处理。研磨介质为 $\phi 0.6 \sim$

0.8mm 的 ZrO_2 球，与料浆的体积比为 1：3；砂磨机转速为 3200r/min，涡流搅拌转速为 1200～2400r/min，研磨处理时间为 4h。对于以矿物基础油为研磨介质制备的料浆通常可直接用于制备润滑脂，而以蒸馏水为载体制备的料浆，研磨结束后需进一步进行喷雾干燥。喷雾干燥时，采用蒸馏水对料浆进行体积比为 1：20 的稀释，喷雾干燥机进口温度为 115℃，出口温度为 90℃，空气压力为 3～5MPa，流量为 12L/min。最终，获得蓬松的水基湿法研磨细化粉体。

（1）粉体微观形貌

图 2-3 是凹凸棒石经纳米砂磨机研磨处理前后粉体微观形貌的 SEM 照片。凹凸棒石原粉主要以晶束（多个纤维的聚集体）形式存在［图 2-3(a)］，长度为 1.5～2μm，极少量为棒晶（纤维单体），长度为 500nm～1μm；水基研磨处理后的凹凸棒石粉体晶束或聚集体的数量和尺寸明显减小［图 2-3(b)］，粉体主要以长度为 500～800nm 的棒晶以及长度为 0.9～1.3μm 的晶束形式存在，少量为棒晶单体，长度约为 300nm；油基研磨处理后粉体纤维聚集体的尺寸与数量同样大幅减小，多数分散为单体纤维和小尺寸晶束，但单体纤维棒晶的数量仍低于水基研磨粉体，同时晶束的尺寸略大于水基研磨粉体。

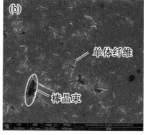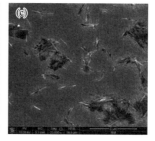

图 2-3　纳米砂磨机研磨前后凹凸棒石粉体微观形貌的 SEM 照片

(a) 原粉；(b) 水基研磨；(c) 油基研磨

（2）粉体粒度分布

图 2-4 为纳米砂磨机研磨处理前后凹凸棒石粉体的粒度分布曲线。可以看出，凹凸棒石原粉因纤维聚集趋势高，粒径尺寸较大，分布较宽，其 $D_{(50)}$ 约为 12600nm，$D_{(90)}$ 约为 13600nm［图 2-4(a)］。经水基研磨处理后的粉体尺寸得到明显细化，由于大量独立分布的棒晶单体纤维取代了晶束聚集体，使粉体的尺寸明显减小，分布范围更为集中，其粒径特征值 $D_{(50)}$ 约为 300nm，$D_{(90)}$ 约为 360nm［图 2-4(b)］。经油基研磨处理后粉体尺寸同样得到细化，大尺寸晶束被研磨破碎成层叠的小尺寸晶束以及单体纤维，粉体粒度分布的 $D_{(50)}$ 约为

700nm, $D_{(90)}$ 约为760nm [图2-4(c)]。

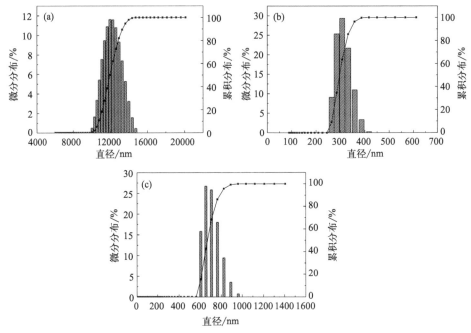

图 2-4 纳米砂磨机研磨前后凹凸棒石粉体的粒度分布

(a) 原粉;(b) 水基研磨;(c) 油基研磨

纳米砂磨机湿法研磨处理可将凹凸棒石原粉中的棒晶聚集体由大尺寸晶束状态破碎成小尺寸晶束和单体纤维,使粉体尺寸得到细化,粒度分布进一步集中。相对而言,水基研磨处理对凹凸棒石矿物的细化效果好于油基研磨处理。由研磨处理前后粉体微观形貌的 TEM 照片(图2-5)可见,凹凸棒石粉体纤维直径为20~50nm,研磨处理对凹凸棒石矿物粉体纤维直径没有明显影响。

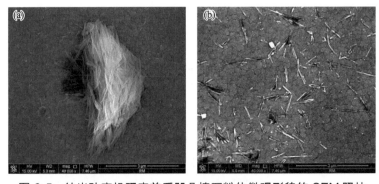

图 2-5 纳米砂磨机研磨前后凹凸棒石粉体微观形貌的 SEM 照片

(a) 原粉;(b) 油基研磨

2.2.3　球磨细化处理

采用 ND7-4L 型球磨机对凹凸棒石矿物原粉分别进行湿法油基研磨和干法研磨，获得料浆和超细干粉，采用玛瑙球磨罐，研磨介质为 $\phi 5 \sim 15\text{mm}$ 的玛瑙球。湿法研磨时，玛瑙球与料浆质量比为 $2:1$；干法研磨时，玛瑙磨球与粉体质量比为 $10:1$。球磨时间均为 5h，球磨转速 900r/min。

（1）粉体微观形貌

图 2-6 为不同方法球磨后凹凸棒石粉体微观形貌的 SEM 照片。油基湿法球磨处理后矿物粉体形貌发生明显变化，尽管球磨过程不能有效降低凹凸棒石粉体纤维的长度，但可以促进晶束的分散，增加粉体中单体纤维的数量，表现出较好的破碎分散效果。干粉球磨工艺处理后的粉体则不再具备凹凸棒石矿物特有的纤维状结构，而是完全转变为不规则的片层状颗粒，粒径为 $400 \sim 700\text{nm}$。

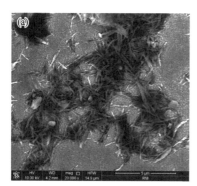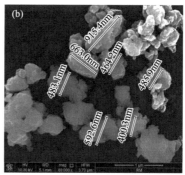

图 2-6　球磨处理后凹凸棒石粉体微观形貌的 SEM 照片

（a）油基湿法球磨；（b）干式球磨

（2）粒度分布

图 2-7 为不同方法球磨后凹凸棒石粉体粒度分布曲线。经油基湿法球磨处理后，因棒晶聚集体破散后导致的晶束尺寸减小以及单体纤维数量的增加，使粉体粒度分布范围更为集中，尺寸较未处理粉体大幅减小，其粒径特征值 $D_{(50)}$ 降为 780nm，$D_{(90)}$ 则减少为 900nm。而经干式球磨后，由于凹凸棒石粉体形态由晶束或棒晶转变为片层状颗粒，粒径尺寸进一步减小，粒度分布范围更为集中，粒径特征值 $D_{(50)}$ 约为 460nm，$D_{(90)}$ 约为 550nm。

球磨与机械研磨的基本原理相似，均是研磨球在高速旋转和碰撞过程中对粉体进行反复挤压、剪切及破碎，使粉体逐渐细化。伴随粉体逐渐细化的同时，其

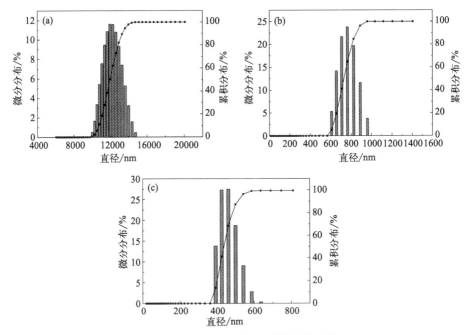

图 2-7 球磨前后凹凸棒石粉体的粒度分布

（a）原粉；（b）油基湿法球磨；（c）干式球磨

表面缺陷密度急剧增加，表面活性和表面能迅速增大，甚至产生大量的晶格缺陷、晶格畸变和一定程度的无定形化，粉体表面形成大量的不饱和键、离子或自由电子，粉体之间的静电作用力随之增大，造成粉体团聚的趋势也逐渐增大。因此，研磨和球磨的过程是粉体细化与不断聚集之间的动态竞争过程[9]。在这一过程中，球磨机或砂磨机的转速，研磨球的数量、粒径、尺寸分布及球料比，研磨介质及助剂等因素均会对粉体细化效果产生显著影响。

与油基湿法球磨相比，使用纳米砂磨机对凹凸棒石粉体进行油基研磨的细化效果更好，可将粉体的平均粒径 $D_{(50)}$ 由原粉时的 12600nm 降至 300nm，并使粉体的粒径分布更为集中。一方面，这是由于纳米砂磨机的转速高于球磨机，高转速提供了更高能量，使研磨球与粉体之间的碰撞、剪切和破碎作用更充分；另一方面，纳米砂磨机所用 ZrO_2 球的直径为球磨机所用玛瑙球直径的 1/25～3/25，直径较小的研磨球更适合加工粒径细小的凹凸棒石原粉。因此，经纳米砂磨机研磨后，凹凸棒石粉体晶束聚集体的破散效果更好。

而干式球磨过程中，研磨球在相互撞击下表面温度升高快，在缺少球磨介质散热的情况下，凹凸棒石粉体被反复挤压、剪切，其粒度下降的同时，粉体表面羟基会因剪切或高温而断裂，生成大量的不饱和键，使得表面活性急剧增大，使团聚过程在粉体细化与聚集之间的动态竞争中占优势，使粉体因团聚而造成形态变化，由晶束或棒晶转变为片层状颗粒。

2.2.4　酸活化处理

酸处理可以通过溶解碳酸盐类胶结物，使凹凸棒石晶体结构中的孔道疏通。与此同时，H^+ 会与凹凸棒石层间的 K^+、Na^+、Ca^{2+}、Mg^{2+} 等离子发生置换反应。因此，酸处理可以增大凹凸棒石的孔容积，提高粉体比表面积和吸附性能，从而改善其与摩擦表面的化学反应活性[10-13]。

凹凸棒石的酸处理是常用的改性方法之一，硫酸、硝酸、盐酸等都是最常使用的无机酸。本章取一定量盐酸加入去离子水分别配制成 1mol/L、3mol/L、7mol/L 的酸溶液，向其中加入 50g 凹凸棒石粉体，机械搅拌 30min 后静置 10min，取上层溶液并用去离子水离心洗涤（3000r/min，5min）3 次，烘干后得到酸活化处理凹凸棒石粉体。

（1）粉体形貌的 TEM 分析

图 2-8 为不同酸浓度活化凹凸棒石粉体的 TEM 照片，可见随着酸浓度的增加，凹凸棒石颗粒径向尺寸未发生明显变化，轴向尺寸，即长度方向呈逐渐减小的趋势，具体量化指标需进一步经过粒度仪或分光光度计来精确测定。

图 2-8　不同酸浓度活化处理凹凸棒石粉体形貌的 TEM 照片

（a）原粉；（b）1mol/L；（c）3mol/L；（d）7mol/L

（2）粉体物相分析

通常认为，不同类型的凹凸棒石因其成因不同而引起凹凸棒石矿物学特征差异，包括：成分、晶体直径、晶体缺陷、有序度的差异，导致热液型和沉积型凹凸棒石有不同的耐酸性[2]。这种耐酸性的不同主要体现在，对于沉积型凹凸棒石而言，当盐酸浓度大于 10%（体积比）时，主要产物为无定形 SiO_2。对于热液型凹凸棒石而言，即使是体积比 20% 的盐酸溶液处理的粉体，也仅仅表现在特征衍射峰的强度轻微减弱。试验所用江苏盱眙凹凸棒石为热液型，其不同酸浓度处理的 XRD 图谱如图 2-9 所示。由图可见，不同浓度酸处理的凹凸棒石的 XRD 衍射峰随酸浓度的增加而逐渐减弱，但变化不大。

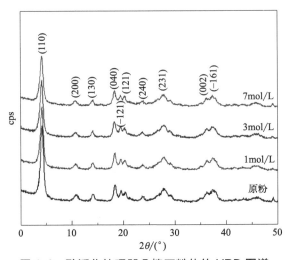

图 2-9　酸活化处理凹凸棒石粉体的 XRD 图谱

（3）粉体成分分析

酸活化实际就是凹凸棒石与酸发生化学反应的过程，主要包括八面体和四面体的溶解两个部分。一般认为，反应开始时八面体与酸反应的速率高于四面体反应速率，随着反应时间的延长四面体骨架被裸露出来，阻碍了酸与剩余八面体继续反应的过程，八面体溶解速率逐渐减缓。凹凸棒石黏土与酸反应的程度取决于反应的时间和酸浓度等因素，因此随着酸浓度的增加，位于八面体中的阳离子数量逐渐减少，而四面体中的 Si 含量相对增加，这与成分分析结果相一致（表2-2）。从表 2-2 中还可看出，CaO 含量变化明显，说明 Ca 元素主要以 $CaCO_3$ 矿物杂质形式存在，$CaCO_3$ 极易与酸反应，生成物随滤液滤除，所以酸活化对于清除碳酸盐类杂质有显著的作用。

表 2-2 不同浓度酸活化处理凹凸棒石矿物粉体的氧化物含量

酸浓度	氧化物含量/%							
	SiO_2	MgO	Al_2O_3	Fe_2O_3	K_2O	CaO	TiO_2	其他
0mol/L	66.22	15.45	9.77	5.99	1.04	0.58	0.55	0.40
3mol/L	69.31	13.48	9.54	5.76	1.00	0.02	0.54	0.35
7mol/L	71.39	11.99	9.24	5.42	1.01	0.01	0.54	0.40

2.3 凹凸棒石矿物粉体的热处理及分析

为提高凹凸棒石矿物粉体的表面活性，增强对其脱水反应过程及热相变机制的理解，采用马弗炉对粉体进行了不同温度下的热处理，研究了粉体物相结构、红外光谱特征、微观形貌随热处理温度增加的变化规律。在此基础上，结合热重-差热（DCS-TG）分析讨论了凹凸棒石矿物的脱水及热相变过程。热处理过程中，每个样品在马弗炉中恒温 3h 后随炉冷却。

2.3.1 物相的 XRD 分析

图 2-10 为不同温度热处理后凹凸棒石粉体的 XRD 图谱。随着热处理温度的升高，凹凸棒石粉体衍射峰的强度逐渐下降，特征峰位发生变化。热处理温度在 200℃以下时，凹凸棒石晶体结构仍保持完好，特征衍射峰的强度和位置均无明显变化 [图 2-10(a)]。300～700℃范围内，粉体的（110）特征衍射峰强度明显减弱，在其右侧出现 $d = 0.921nm$ 的衍射峰，该峰是标准卡片 00-042-0005 中 SiO_2 在（020）晶面的特征衍射峰；随着热处理温度的上升，（040）特征衍射峰强度逐渐减弱并在温度达到 700℃时完全消失，$d_{(020)} = 0.921nm$ 衍射峰钝化。在整个升温过程中，（200）和（130）特征衍射峰的强度与峰值没有明显变化 [图 2-10(b)]。当热处理温度达到 800～900℃时，各特征衍射峰发生明显钝化，并伴随有"馒头峰"出现，说明此时有非晶态物质形成，并对应于标准卡片 00-022-0714 中的 $MgSiO_3$ 和 00-018-1169 中的 SiO_2 [图 2-10(c)]。当热处理温度达到 1000℃时，"馒头峰"消失，出现特征明显的晶面衍射峰，分别对应标准卡片 00-027-0605 中 SiO_2 的（111）和（220）晶面，以及标准卡片 00-019-0768 中 $MgSiO_3$ 的（121）、（420）、（610）和（421）晶面 [图 2-10(d)]。

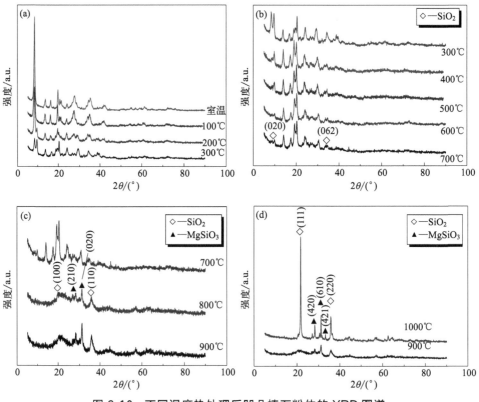

图 2-10 不同温度热处理后凹凸棒石粉体的 XRD 图谱

(a) 室温~300℃；(b) 300~700℃；(c) 700~900℃；(d) 900~1000℃

2.3.2 红外光谱分析

对凹凸棒石原粉及不同温度热处理后的粉体进行红外光谱（FTIR）分析，结果如图 2-11 所示。凹凸棒石原粉光谱分析显示，高频区（3700~3000cm^{-1}）是羟基的伸缩振动区，部分吸附水和沸石水在此区也有反映。一般会有 5 个吸收带[14,15]，但由于样品结晶度较低，只出现 3 个吸收带，分别为 3614.75cm^{-1}、3550.18cm^{-1}、3401.23cm^{-1}。其中 3401.23cm^{-1} 处是凹凸棒石层间吸附水的吸收带；3550.18cm^{-1} 处是凹凸棒石孔道边缘的 Mg、Al 八面体相连的水的羟基的伸缩振动和面外弯曲振动；3614.75cm^{-1} 处是与结构内部的四面体结构和八面体之间的 Mg、Al 相连的羟基的伸缩振动。中频区（1670~1600cm^{-1}）在 1649.06cm^{-1} 有一明显的吸收带，为羟基弯曲振动吸收带，表现为一个比较对称的单一吸收峰。中低频区（1200~800cm^{-1}）吸收带为凹凸棒石最强吸收带，结晶程度好的可分裂为 6 个清晰吸收峰，结晶程度差的凹凸棒石仅分裂 4 个吸收峰，且峰弱或不尖锐，吸收带为 Si-O-Si 的 Si-O 键对称或 Si-O-(Mg/Al) 的 Si-O 键不对称伸缩振动引起。最为明显的吸收峰分别出现在 1195.71cm^{-1}、1089.72cm^{-1}、1029.89cm^{-1} 和 983.59cm^{-1}。其中 1089.72cm^{-1} 是 Si-O-Si 的特征峰，1029.89cm^{-1} 是 Si-O-(Mg/Al) 的特征峰，983.59cm^{-1} 处是羟基弯曲振动的特征吸收峰。800～600cm^{-1} 共出现 2 个吸收带，分别在 788.72cm^{-1} 和 641.41cm^{-1}。低频区（600～400cm^{-1}）为凹凸棒石次级不对称的强吸收带，是 Si-O 键的弯曲振动结果，在该区可见两个分裂程度弱的吸收带，分别在 506.50cm^{-1} 和 480.23cm^{-1}，是凹凸棒石在该区的主要特征谱带[15-19]。

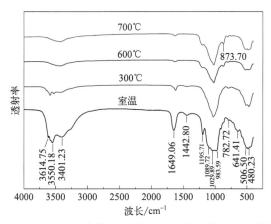

图 2-11　不同温度热处理前后凹凸棒石的 FTIR 谱图

经过 300℃恒温热处理 5h 后，FTIR 谱图中 3401.23cm^{-1} 和 983.59cm^{-1} 处的吸收峰基本消失，3614.75cm^{-1}、3550.18cm^{-1} 和 1649.06cm^{-1} 处仍可见尖锐吸收峰，但峰强明显弱化，说明凹凸棒石脱失吸附水，以及部分晶体内部的羟基。同时，1442.80cm^{-1}、1195.71cm^{-1} 和 1089.72cm^{-1} 处的吸收峰消失，1029.89cm^{-1} 处的吸收峰变得尖锐，说明 Si-O 键所形成的晶体结晶程度增加。由此可见，凹凸棒石经 300℃热处理后会失去全部吸附水以及大部分沸石水，与晶体孔道边缘 Mg、Al 相连的结构水以及与结构内部四面体和八面体之间 Mg、Al 相连的结晶水也逐渐减少，导致羟基脱失的同时结晶度不好的 Si-O 趋于结晶清晰化[20,21]。随着温度的进一步升高，3614.75cm^{-1}、3550.18cm^{-1} 处的吸收峰逐渐消失。当温度高于 600℃时，高频区的羟基特征峰全部钝化，506.50cm^{-1} 和 480.23cm^{-1} 处的凹凸棒石特征谱带钝化，1029.89cm^{-1} 处特征峰依然尖锐。700℃时，在 873.70cm^{-1} 处出现微弱的新特征吸收带，说明此时凹凸棒石晶体内仅存少量羟基，Si-O 键结晶程度明显，生成少量新键，晶体处在相变边缘。

2.3.3　微观形貌与结构分析

结合 XRD 分析结果，对室温和经 300℃、700℃、900℃和 1000℃处理的凹凸棒石粉体形貌进行 SEM 分析，结果如图 2-12 所示。可以看出，在室温～900℃

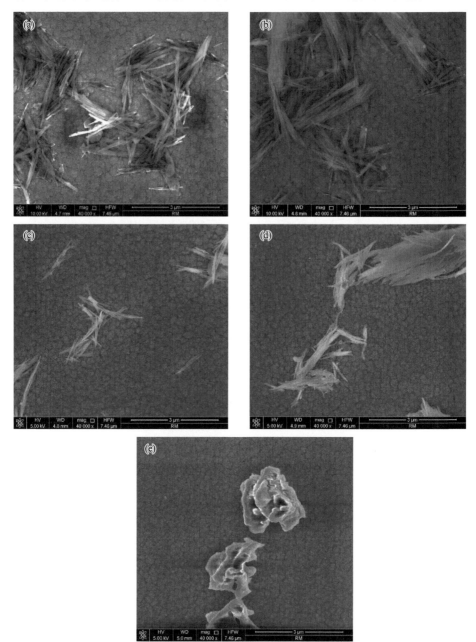

图 2-12　凹凸棒石原粉与不同温度热处理后粉体 SEM 形貌

（a）室温；（b）300℃；（c）700℃；（d）900℃；（e）1000℃

的温度范围内，随着热处理温度的升高，粉体的形貌并未发生明显的变化，主要是由纤维束及其集合体组成。而当热处理温度为 1000℃时，粉体颗粒形貌由纤维束和纤维集合体熔融合并成为团片状颗粒。

图 2-13 为热处理前后凹凸棒石粉体形貌的 TEM 照片及选区电子衍射花样（SAED）。700℃以下，热处理并未改变凹凸棒石粉体纤维束的晶体结构。但从 SAED 衍射花样可以看到，随着热处理温度的升高，样品选区的结晶度明显下降，呈现由晶体向非晶体转变的变化趋势，这一结果进一步验证了 XRD 分析中经 300～700℃热处理后粉体 $d_{(020)}$＝0.921nm 衍射峰钝化，粉体发生相变，生成了部分非晶态 SiO_2。

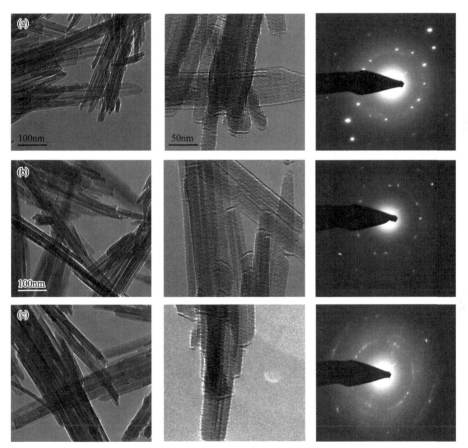

图 2-13 热处理前后凹凸棒石粉体形貌的 TEM 照片及选区电子衍射花样

（a）室温；（b）300℃；（c）700℃

2.3.4 差热-热重分析

采用 NETZSCH STA 449C 差热-热重分析仪（DSC-TG）研究凹凸棒石矿

物粉体的特征转化温度与相变过程。参比坩埚为 Al_2O_3，升温速率 $10℃/min$，升温区间为室温～$1200℃$，采用 N_2 气氛，流量 $50mL/min$。图 2-14 为凹凸棒石矿物的差热和热失重曲线。根据凹凸棒石晶体结构和化学式，凹凸棒石中存在 4 种状态的水，包括表面吸附水、孔道沸石水、结晶水和结构水。由图 2-14 可以得出，凹凸棒石第一吸热谷最大值是 $89.12℃$，表现为单一吸热谷形式。由于外表面吸附水的脱除温度比较低，所以 $89.12℃$ 代表外表面吸附水的释放。相对这个吸热谷的失重为 5.56%。第二吸热谷最大值为 $212.02℃$，表现为 1 个吸热谷，吸热谷较第一吸热谷小而宽，相当于孔道沸石水的释放，相应失重为 4.06%。第三吸热谷最大值为 $471.79℃$，表现为 1 个宽而深的吸热谷，相当于结晶水的脱出产生的吸热效应，相应失重为 5.56%。第四、五吸热谷不明显，但结合其失重的情况（相应失重为 0.9%），可知分别位于 $615.68℃$ 和 $669.07℃$，表现为双谷形式。可能由于样品中所含的杂质在这段温度下发生了某些放热反应而抵消了部分吸热反应，使其吸热谷表现得不明显。这个双谷的形成应该是由于结构水的丢失导致凹凸棒石晶体结构破坏，孔道结构破坏和变形，发生结构折叠。放热峰位于 $892.65℃$，此时凹凸棒石结构完全破坏，形成新的矿物相。

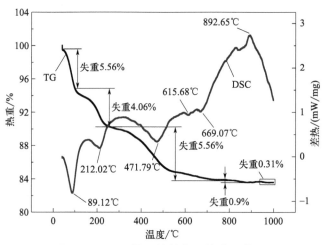

图 2-14 凹凸棒石的差热和热失重曲线

2.3.5 热相变过程

温度变化可改变凹凸棒石的晶体结构，导致高温下矿物粉体物相发生变化。凹凸棒石经不同温度热处理后，因脱水产生的热相变过程可分为以下 4 个阶段。

第 1 阶段：室温～$200℃$

该阶段物相以凹凸棒石 $Mg_5Si_8O_{20}(OH)_2(OH_2)_4 \cdot 4H_2O$ 与 $Mg_5(Si, Al)_8O_{20}(OH)_2(OH_2)_4 \cdot 4H_2O$ 共存为主，失去凹凸棒石表面的吸附水。

第 2 阶段：$200 \sim 700℃$

该阶段失去全部沸石水、大部分结构水和结晶水，物相组成为：晶体结构还没有发生完全坍塌的凹凸棒石，新生成的由晶态向非晶态转变的 SiO_2 的混合物，可用如下化学反应式表示：

① 失去沸石水阶段

$$Mg_5Si_8O_{20}(OH)_2(OH_2)_4 \cdot 4H_2O \xrightarrow{200 \sim 300℃} Mg_5Si_8O_{20}(OH)_2(OH_2)_4 + 4H_2O$$

$$(2-1)$$

② 失去结构水阶段

$$Mg_5Si_8O_{20}(OH)_2(OH_2)_4 \xrightarrow{300 \sim 500℃} Mg_5Si_8O_{20}(OH)_2(OH_2)_{4-x} + xH_2O$$

$$(2-2)$$

③ 失去结晶水阶段

$$Mg_5Si_8O_{20}(OH)_2 \xrightarrow{500 \sim 700℃} Mg_5Si_8O_{20}(OH)_{2-x} + SiO_2 + xH_2O \quad (2-3)$$

第 3 阶段：$700 \sim 900℃$

该阶段凹凸棒石晶体结构中的羟基全部失去，原晶体结构坍塌而导致变化，主要物相为非晶态 SiO_2 和晶态的硅酸镁 $MgSiO_3$，可用如下化学反应式表示：

$$Mg_5Si_8O_{20}(OH)_2 \xrightarrow{700 \sim 900℃} MgSiO_3 + SiO_2(非晶态) + H_2O \quad (2-4)$$

第 4 阶段：$1000℃$ 以上

凹凸棒石晶体结构中四面体层与八面体层完全分离，原晶体结构中的水已全部脱离，形成了由 Si、O 原子组成的晶态 SiO_2 和 Mg（少部分为 Al）、Si、O 原子组成的晶态硅酸镁 $MgSiO_3$，可用如下化学反应式表示：

$$MgSiO_3 + SiO_2(非晶态) \xrightarrow{900 \sim 1000℃} MgSiO_3 + SiO_2(晶态) \quad (2-5)$$

2.4　凹凸棒石矿物粉体的表面有机化改性

微纳米粉体的表面改性是指采用物理、化学及机械等深加工处理方法对微纳米粉体的表面进行处理、修饰和加工，从而控制其内应力，降低粉体颗粒间引力，使粉体表面的物理、化学性质发生变化，从而赋予微纳米粉体新的功能，满足微纳米粉体加工及应用需要的一门科学技术[22]。当前凹凸棒石表面有机改性中较常用的有机改性剂主要有阳离子表面活性剂和偶联剂两大类。凹凸棒石具有较强的亲水性，表面富含 Si-OH 极性基团，借用此特点可选硅烷偶联剂进行表面改性；同时，凹凸棒石表面呈负电性，极易吸附阳离子改性剂，所以也可以选用有机阳离子表面活性剂对其进行表面改性。以上两种方式都可以使改性剂的亲水端与凹凸棒石粉体表面结合，使改性剂疏水端暴露在外，从而提高凹凸棒石粉体的疏水亲油性能[23-26]。结合已有研究成果[27-30]，选取硅烷偶联剂 KH-550 [化学结构式：$(C_2H_5O)_3$-Si$(CH_2)_3$-NH_2]、阳离子表面活性剂十六烷基三甲基溴化铵（CTAB）和有机酸作为有机改性剂，对凹凸棒石矿物粉体进行有机改性。

2.4.1　硅烷偶联剂表面改性

（1）表面改性方法

将凹凸棒石粉体与一定量的去离子水在容器中混合，利用桨式搅拌器机械搅拌形成凹凸棒石溶胶，将占凹凸棒石粉体质量分数 10％的硅烷偶联剂 KH-550 加少量去离子水充分搅拌后倒入容器中进一步机械搅拌，经离心、干燥（80℃）、研磨后得到硅烷偶联剂表面改性凹凸棒石矿物粉体。

（2）粉体微观形貌分析

图 2-15 为经硅烷偶联剂 KH-550 表面改性前后凹凸棒石矿物粉体形貌的 SEM 照片。改性前粉体 ［图 2-15(a)］为交叉、层叠、团聚在一起的大面积晶束聚集体，很难观察到独立的棒晶存在；经 KH-550 改性后凹凸棒石粉体 ［图 2-15(b)］不再层叠团聚，颗粒分散均匀，聚集体与晶束基本都被拆解成纤维状棒

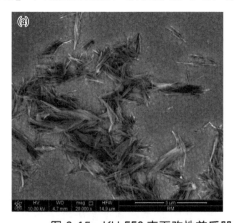
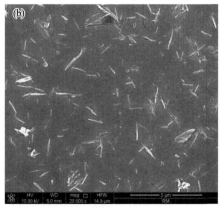

图 2-15　KH-550 表面改性前后凹凸棒石矿物粉体形貌的 SEM 照片

（a）改性前；（b）改性后

晶，仅有少数由棒晶组成的晶束存在，表明硅烷偶联剂 KH-550 对凹凸棒石矿物粉体的改性效果明显，能够将大面积层叠团聚的粉体颗粒分散成独立的纤维棒晶。

（3）粉体表面有机官能团红外光谱分析

硅烷偶联剂 KH-550 水解后形成的 Si-OH 会与凹凸棒石粉体表面羟基发生反应，从而使硅烷偶联剂接枝在粉体颗粒表面。图 2-16 为凹凸棒石经 KH-550 改性前后 FTIR 谱图。与凹凸棒石原粉相比，经硅烷偶联剂改性后粉体在 $900 \sim 1100 cm^{-1}$ 的 Si-O-Si 键振动吸收带明显加强，突出为 $1091.51 cm^{-1}$、$1031.73 cm^{-1}$ 和 $981.59 cm^{-1}$ 吸收峰，同时 Si-O 键吸收带 $507.19 cm^{-1}$ 和 $480.19 cm^{-1}$ 表现明显。改性后 Si-O-Si 和 Si-O 键的吸收峰数量和强度均加强，说明有新的、结晶度更高的 Si-O-Si 和 Si-O 键形成，表明 KH-550 水解后进一步发生缩合，在凹凸棒石粉体表面形成 Si-O-Si 结构，实现有机官能团的表面接枝，从而改善粉体的分散性。

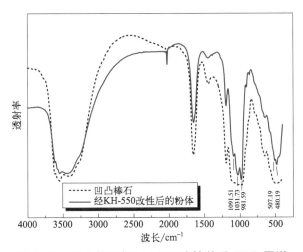

图 2-16　凹凸棒石经 KH-550 改性前后 FTIR 图谱

（4）硅烷偶联剂表面改性机理

硅烷偶联剂利用自身能够水解的烷氧基水解形成硅醇，然后与凹凸棒石矿物粉体颗粒表面上羟基反应，形成氢键并缩合成共价键，从而实现表面改性。其反应过程如下：

① 水解：硅烷偶联剂 KH-550 发生水解反应，形成大量的硅羟基结构 $[(HO)_3\text{-}Si(CH_2)_3\text{-}NH_2]$，反应过程见式（2-6）（R 代表亚烷基）。

$$\mathrm{RSiX_3 + 3H_2O \xrightarrow[催化剂]{pH} RSi(OH)_3 + 3HX} \tag{2-6}$$

② 缩合：硅羟基具有很强的反应活性，可与凹凸棒石矿物表面富含的水和羟基结构进一步缩合，或 KH-550 的羟基自身之间发生缩合反应形成低聚物，反应过程见式（2-7）和式（2-8）。

$$3\mathrm{RSi(OH)_3} \longrightarrow \mathrm{HO-\overset{\overset{\displaystyle R}{|}}{Si}-O-\overset{\overset{\displaystyle R}{|}}{Si}-O-\overset{\overset{\displaystyle R}{|}}{Si}-O} \tag{2-7}$$

（2-8）

③ 氢键形成：缩合反应后形成的低聚物与凹凸棒石矿物粉体表面的大量羟基反应形成氢键，反应过程见式（2-9）和式（2-10）。

$$\mathrm{R-\overset{\overset{\displaystyle OH}{|}}{Si}-O} \cdots \mathrm{H-O-H} + \mathrm{HOM} \rightleftharpoons \mathrm{R-\overset{\overset{\displaystyle OH}{|}}{Si}-OM} + 2\mathrm{H_2O} \tag{2-9}$$

（2-10）

④ 加热脱水：加热干燥过程中形成共价键，最终覆盖于凹凸棒石表面，实现表面改性，反应过程见式（2-11）。

（2-11）

2.4.2　阳离子表面活性剂改性

凹凸棒石矿物粉体的阳离子表面活性剂改性属于插层改性范畴，是区别于表面吸附改性的另一种有机改性方法，其利用层状结构硅酸盐晶体层间结合力弱（分子键或范德华力）和存在可交换阳离子的特性，通过离子交换反应改变粉体的表面性质，实现表面有机化改性。利用阳离子表面活性剂实现凹凸棒石粉体插层改性时，首先要对凹凸棒石进行转型，将粉体表面多种可交换性阳离子转换成同种阳离子，相关方法和内容已有大量研究报道[27,31]，本研究中直接借鉴现有常用转型工艺，将凹凸棒石粉体可交换性阳离子转换为钠离子，得到钠基凹凸棒石。

将凹凸棒石矿物粉体与 1.5mol/L 的 NaCl 溶液混合，于 60℃ 条件下机械搅拌后，采用去离子水洗涤，直至用 0.1mol/L AgNO$_3$ 溶液检测无氯离子后，经离心、干燥（80℃）、研磨，得到钠基凹凸棒石粉体。将钠基凹凸棒石粉体与占凹凸棒石质量分数 50% 的 CTAB 加入去离子水形成待处理溶胶，分别采用机械搅拌、纳米砂磨机和行星式球磨机并利用阳离子表面活性剂进行钠基粉体表面改性。纳米砂磨机改性过程按 2.2.2 节所述工艺研磨 4h，洗涤至 0.1mol/L AgNO$_3$溶液检测无氯离子后离心、烘干（80℃）；桨式机械搅拌改性过程中，70℃ 条件下对待处理溶胶进行恒温中速搅拌 16h 后，洗涤至 0.1mol/L AgNO$_3$ 溶液检测无氯离子后离心、干燥（80℃）；行星式球磨机改性过程按 2.2.3 节所述工艺，采用湿法水基研磨获得粉体，洗涤至 0.1mol/L AgNO$_3$ 溶液检测无氯离子后离心、干燥（80℃）。

（1）机械搅拌改性工艺

机械搅拌改性工艺是建立在湿法表面改性方法基础上，在液相介质中借助机械搅拌提供的能量，加速表面改性剂中阳离子与无机粉体表面吸附的离子进行化学交换，最终实现插层改性的过程。图 2-17 是采用桨式机械搅拌工艺进行插层改性前后的凹凸棒石粉体形貌的 SEM 照片。经 CTAB 插层改性后，凹凸棒石粉体由改性前的聚集体状态转变为层叠、交叉的分散态晶束和棒晶，同时可看到少量的片状杂质，粉体单个纤维长度变化不明显，分散状态和几何形状满足润滑脂制备所要求的纤维状结构。

图 2-18 所示为改性前后凹凸棒石粉体的 FTIR 图谱。对比发现，经 CTAB 改性后的凹凸棒石在 2919.70cm^{-1} 处出现不对称 C-H 伸缩振动峰（甲基-CH 伸

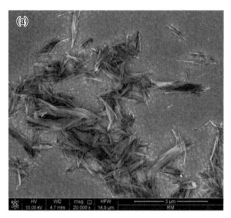

图 2-17　机械搅拌工艺 CTAB 改性前后凹凸棒石粉体形貌的 SEM 照片

(a) 改性前；(b) 改性后

缩振动峰)，2850.27cm^{-1} 处出现对称 C-H 伸缩振动峰（次甲基-CH$_2$ 伸缩振动峰)[32]，表明改性凹凸棒石粉体表面结合了有机基团，实现了粉体插层改性。

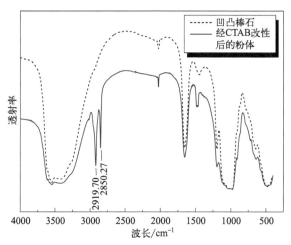

图 2-18　机械搅拌工艺 CTAB 改性前后凹凸棒石粉体 FTIR 图谱

以上结果说明，以 CTAB 为改性剂，利用机械搅拌湿法改性工艺处理的凹凸棒石粉体表面成功接枝有机基团，有效改善了粉体的分散性，使粉体的分散状态和几何形态满足为润滑脂稠化剂的要求，可用作在线修复型润滑脂的制备原料。

（2）纳米砂磨机改性工艺

利用纳米砂磨机改性粉体的目的包括两方面：一是在粉体有机改性过程中提

供较强的分散能量，实现改性剂与粉体表面快速、充分接触，使粉体表面接枝有机基团；二是利用砂磨机的研磨作用实现表面改性与粉体粒度细化的一体化，以满足凹凸棒石粉体的不同使用需求。图 2-19 是利用纳米砂磨机进行插层改性的凹凸棒石矿物粉体形貌的 SEM 照片。改性后凹凸棒石粉体由纤维状棒晶或晶束转变为微球形团聚体，粒径为 $3\sim7\mu m$，超出润滑油中颗粒尺度限制，同时不适合制备润滑脂。

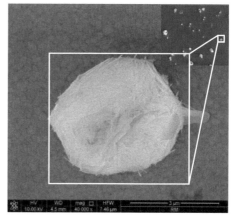

图 2-19　纳米砂磨机工艺 CTAB 改性后凹凸棒石粉体形貌的 SEM 照片

纳米砂磨机水基湿法研磨过程中，转子和研磨介质具有很高的速度和能量，粉体颗粒尺寸减小的同时，表面缺陷密度急剧增加，表面活性和表面能迅速增大，在颗粒表面引入大量的不饱和键、离子或自由电子，颗粒之间的静电作用力也会随之增大；同时，研磨介质所形成的强大离心剪切力会造成表面活性剂的自身缩聚，缩聚体两端均可与粉体表面发生物理吸附或化学反应，产生了类似"架桥"的作用，将颗粒连接在一起，并随着时间的延长挤压、碰撞、黏结，在离心力的作用下不断聚集长大形成微球。通过纳米砂磨机无法实现细碎与 CTAB 表面改性的一体化，仍需分步完成。在粉体超细粉碎过程中，纳米砂磨机可以将凹凸棒石颗粒尺寸减小到 $500\sim800nm$，在桨式机械搅拌改性中，可以利用 CTAB 成功改性凹凸棒石。基于以上结果，凹凸棒石粉体的细化与插层改性工艺可按照砂磨机细化处理、粉体转型、机械搅拌改性 3 个步骤依次进行。

（3）球磨改性工艺

图 2-20 为球磨工艺改性后凹凸棒石粉体形貌的 SEM 照片及 FTIR 分析谱图。与纳米砂磨机改性工艺相比，球磨改性后，凹凸棒石粉体由原粉的聚集体转变为分散态的棒晶与晶束，纤维长度略有降低，为 $700\sim900nm$。由 FTIR 图谱可知，球磨工艺处理后凹凸棒石粉体在 $2918.44cm^{-1}$ 和 $2850.19cm^{-1}$ 处出现 C-H 伸缩振动峰，在 $1030.02cm^{-1}$ 和 $984.75cm^{-1}$ 处出现 Si-O 键吸收峰，表明粉体表面接枝了有机基团。球磨工艺 CTAB 改性可以在细化凹凸棒石颗粒的同时实现插层改性。相比于机械搅拌工艺，球磨工艺得到的改性后粉体粒度更细小。

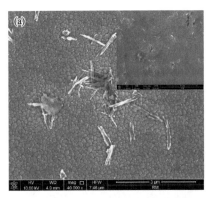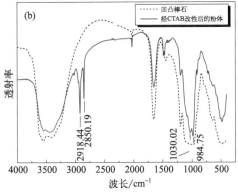

图 2-20　球磨工艺 CTAB 改性凹凸棒石粉体

(a) SEM 形貌；(b) FTIR 谱图

（4）阳离子表面活性剂改性机理

凹凸棒石矿物在形成过程中因类质同晶置换等作用使其表面呈负电性，具有交换吸附阳离子的性质。插层改性过程通过凹凸棒石粉体表面吸附的阳离子与阳离子表面活性剂中的阳离子进行离子交换，实现表面有机改性。在使用 CTAB 进行粉体改性前，对凹凸棒石粉体表面吸附的阳离子进行转型。以凹凸棒石表面吸附 Ca^{2+} 为例，其转型过程如下：

$$Ca\text{-attapulgite} + Na^+ \longrightarrow Na\text{-attapulgite} + Ca^{2+} \qquad (2\text{-}12)$$

将凹凸棒石吸附的 Ca^{2+} 全部转换成 Na^+，便于后续与 CTAB 进行离子交换反应，实现在凹凸棒石粉体表面接枝有机基团。过程如下：

$$\left[(CH_2)_{15}CH_3 - \overset{\overset{\displaystyle CH_3}{|}}{\underset{\underset{\displaystyle CH_3}{|}}{N}} - CH_3\right]^+ Br^- + Na\text{-attapulgite} \longrightarrow \left[(CH_2)_{15}CH_3 - \overset{\overset{\displaystyle CH_3}{|}}{\underset{\underset{\displaystyle CH_3}{|}}{N}} - CH_3\right] attapulgite + NaBr$$

$$(2\text{-}13)$$

CTAB 作为一种阳离子表面活性剂，由于其分子链中含有 $\left[(CH_2)_{15}CH_3 - \overset{\overset{\displaystyle CH_3}{|}}{\underset{\underset{\displaystyle CH_3}{|}}{N}} - CH_3\right]^+$

基团，通过离子交换的方式与凹凸棒石粉体颗粒结合，改变其表面电性，增加颗粒表面电位的绝对值，提高颗粒之间的静电斥力，从而提高粉体的分散性。

2.4.3　油酸表面改性

油酸分子中含有羧基（—COOH），可与凹凸棒石粉体表面羟基发生酯化反应，实现粉体表面改性。油酸（十八碳-顺-9-烯酸）属于不饱和脂肪酸，考虑到其能与油脂良好融合且本身具有较好减摩性的特点，选取油酸作为改性剂并利用 ND7-4L 型球磨机进行有机酸改性凹凸棒石粉体。分别选取占凹凸棒石粉体（质量分数）5%、10%和15%的油酸与凹凸棒石干粉混合并置于球磨罐中，球磨和粉体处理过程同 2.2.3 节所述。

（1）粉体微观形貌分析

图 2-21 是不同含量油酸球磨工艺改性后凹凸棒石粉体形貌的 SEM 照片。可以看出，改性后粉体已失去前面所述的 3 个层次的纤维结构，形成了几何形状不规则的小颗粒，其形貌特征区别于凹凸棒石中的聚集体，颗粒表面光滑，观察不到团聚的棒晶或晶束结构。试验过程中，油酸含量对改性后粉体的粒径具有重要影响。5%油酸时，粉体颗粒尺寸较大，粉体粒度为 1.5～2μm，以团聚体形式存在；10%油酸时，大尺寸颗粒数量减小，粒度降至 600～900nm，同时出现 200～400nm 的团聚态颗粒；15%油酸时，大尺寸颗粒和团聚体完全消失，粒度进一步降至 200～300nm。油酸球磨改性工艺改变了凹凸棒石粉体的形态，将其由长径比较大的纤维束转变为几何形状不规则、具有良好分散性的亚微米颗粒。

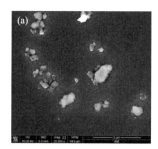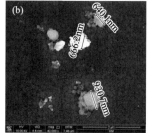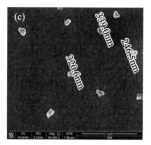

图 2-21　不同含量油酸球磨改性凹凸棒石粉体形貌的 SEM 照片 [33]

(a) 5%；(b) 10%；(c) 15%

（2）粉体物相分析

图 2-22 是 15%油酸表面改性前后凹凸棒石粉体的 XRD 谱图。凹凸棒石矿物衍射峰与标准卡片 00-020-0688 中 $Mg_5Si_8O_{20}(OH)_2(OH_2)_4 \cdot 8H_2O$ 的 (110)、(200)、(130)、(040)、(121) 和 (240) 晶面衍射峰，以及标准卡片 00-031-0783 中 $Mg_5(Si,Al)_8O_{20}(OH)_2(OH_2)_4 \cdot 8H_2O$ 的 (110)、(200)、(130)、(040)、(−121)、(231)、(002) 和 (−161) 晶面衍射峰相一致，表明所用凹凸棒石的四面体层包括两种晶体结构：由 Si-O 组成的四面体层，以及由 (Si,Al)-O 组成的四面体层。以上两种结构与含 Mg^{2+} 的八面体层分别按 2 : 1 排

列成 TOT 型的晶体结构。

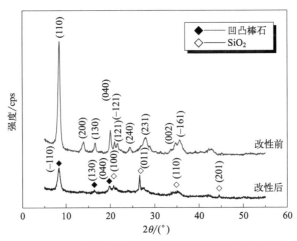

图 2-22   凹凸棒石粉体添加 15%油酸前后的 XRD 谱图

油酸球磨工艺改性后,凹凸棒石粉体转变为亚微米颗粒,衍射峰强度下降,原有的(200)、(240)和(231)晶面衍射峰消失,(130)、(040)、(-121)、(121)、(002)和(-161)晶面衍射峰发生钝化,出现了(100)、(011)、(110)和(201)晶面衍射峰,衍射峰与标准卡片 00-021-0957 中$(Mg,Al)_5(Si,Al)_8O_{20}$ $(OH)_2(OH_2)_4 \cdot 8H_2O$ 的(-110)、(130)和(040)晶面,以及标准卡片 01-089-8936 中石英(主要成分 SiO_2)的(100)、(011)、(110)和(201)晶面衍射峰相一致。XRD 分析结果表明,凹凸棒石矿物晶体结构发生部分断裂与坍塌,四面体层与八面体层发生分离,导致晶体结晶度下降;独立出的 Si-O 四面体层则形成了 SiO_2,又因 SiO_2 在(100)、(011)、(110)和(201)晶面的衍射峰强度较弱,钝化明显,说明 Si-O 四面体在高能球磨作用下发生结构变形,导致形成的 SiO_2 非晶化;同时,在高能球磨过程中,原四面体层中的部分 Al 原子发生转移,从四面体层内部转移至八面体层,形成了 Mg 和 Al 原子共存于八面体的结构。与 SiO_2 晶体结构类似,$(Mg,Al)_5(Si,Al)_8O_{20}(OH)_2(OH_2)_4 \cdot 8H_2O$ 在(-110)、(130)和(040)晶面的特征衍射峰强度较弱,其晶体结构也因高能球磨作用而发生结构变形,导致结晶程度下降。

(3)粉体表面有机官能团红外光谱分析

对油酸改性前后凹凸棒石粉体进行 FTIR 分析,结果如图 2-23 所示。对比发现,油酸表面改性凹凸棒石粉体在 2925.19cm^{-1} 和 2854.02cm^{-1} 处出现不对称 C-H 伸缩振动峰,分别对应甲基-CH 和次甲基-CH$_2$ 的伸缩振动峰,而原

1195.71cm^{-1} 处的 Si-O-Si 吸收峰消失，说明球磨过程中粉体表面接枝了有机基团，实现了表面有机化改性。同时，球磨过程中研磨介质的撞击导致凹凸棒石晶体结构发生变化，与 XRD 分析结果相吻合。

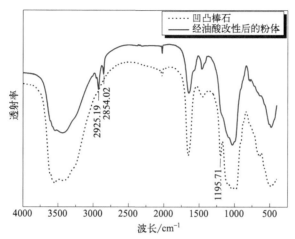

图 2-23　15%油酸球磨改性前后凹凸棒石粉体的 FTIR 谱图

总体上，通过添加 15％油酸对凹凸棒石粉体进行高能球磨处理，可实现无机凹凸棒石粉体表面的有机化改性，得到分散性良好的不规则颗粒状的亚微米粉体，其粒度为 200～300nm，属于凹凸棒石与 SiO$_2$ 的混合体，并具备非晶态属性，满足润滑油行业对固体颗粒添加剂的粒度要求。

（4）油酸表面改性机理

采用球磨工艺进行油酸表面改性时，利用高能球磨过程中机械冲击和剪切作用激发粉体表面活性，使粉体表面晶体结构与物理化学性质发生变化，由此产生的活性离子和游离基团与改性剂发生高效反应附着从而实现改性。油酸改性凹凸棒石的机理可分为以下 3 个过程：

酯化反应。 在球磨过程产生的强机械力及摩擦高温作用下，凹凸棒石矿物粉体颗粒之间相互碰撞，导致粉体破碎和结合键断键，粉体与表面改性剂之间充分混合并相互作用，凹凸棒石粉体表面大量的羟基与周围油酸中的羧基发生酯化反应，其过程如下：

$$CH_3(CH_2)_7CH=CH(CH_2)_7COOH + M\text{-}OH \xrightarrow{\text{强机械力作用}}$$
$$CH_3(CH_2)_7CH=CH(CH_2)_7COOM + H_2O \qquad (2\text{-}14)$$

式中，M-OH 代表凹凸棒石矿物的结构式。

在以上过程中存在两种情况：一是凹凸棒石中的羟基与羧酸根中的 H$^+$ 发生

反应，二是凹凸棒石中的 H^+ 与羧酸根中断裂出的 OH^- 发生反应。

最终，因油酸与凹凸棒石粉体产生化学反应或化学吸附，通过生成酯的方式实现有机基团与凹凸棒石粉体表面的接枝过程，同时实现了粉体细化，得到粒度在 $200\sim300nm$ 的超细粉体。

脱羧去羰过程。 上述过程得到的反应产物中应含有羰基 $\left(-\overset{|}{C}=O\right)$，然而改性后粉体的 FTIR 图谱中未发现羰基 $\left(\sim1700cm^{-1}\right)$ 的吸收峰，说明球磨过程中还存在其他反应过程，即脱羧过程。油酸中的羧酸 $(-COOH)$ 或酯中的羰基 $\left(-\overset{|}{C}=O\right)$ 在球磨过程中受强机械力作用后引起 C 的化学键断裂，发生羧酸自身脱羧：

$$R-\overset{\overset{\displaystyle O}{\|}}{C}-OH \longrightarrow R-H+CO_2 \tag{2-15}$$

以及酯脱失羰基反应：

$$R-\overset{\overset{\displaystyle O}{\|}}{C}-O-M \longrightarrow R-M+CO_2 \tag{2-16}$$

形成氢键。 酯脱去羰基后，有机基团仍可连接在凹凸棒石表面，而羧酸自身脱羧后会形成氢键并与粉体表面发生反应，导致以氢键连接有机基团与凹凸棒石表面的结果。氢键桥接凹凸棒石粉体表面的反应过程如下：

$$R-H+M-OH \longrightarrow R-H\colon\overset{\overset{\displaystyle M}{|}}{O}H \tag{2-17}$$

油酸球磨改性过程中，以上 3 种反应进程同时存在并交叉进行，最终实现有机基团以化学键或氢键的方式接枝在凹凸棒石粉体表面，完成有机化改性，并使粉体尺寸进一步细化。

参考文献

[1] Feng Xu, Shichun Mu, Mu Pan. Mineral nanofibre reinforced composite polymer electrolyte membranes with enhanced water retention capability in pem fuel cells [J]. Journal of Membrane Science, 2011, 377: 134-140.

[2] 陈天虎. 苏皖凹凸棒石粘土纳米尺度矿物学及地球化学 [D]. 合肥：合肥工业大学，2003.

[3] 许一，徐滨士，史佩京，等. 微纳米减摩自修复技术的研究进展及关键问题 [J]. 中国表面工程，2009，22（2）：7-14.

［4］ 徐建生，钟康年，常跃，等. 纳米润滑剂的制备及特性研究［J］. 润滑与密封，2002，(4)：14-16.

［5］ Yu H，Xu Y，Shi P，et al. Tribological properties of heat treated serpentine ultrafine powders as lubricant additives［J］. Tribology，2011，31 (5)：504-509.

［6］ 南峰，许一，高飞，等. 热处理对凹凸棒石摩擦学性能的影响［J］. 材料热处理学报，2014，35 (2)：1-5.

［7］ 南峰，许一，高飞，等. 热活化对凹凸棒石润滑材料减摩修复性能的影响［J］. 功能材料，2014，45 (11)：11018-11022.

［8］ Cheng H，Yang H，Frost R L. Thermogravimetric analysis-mass spectrometry (TG-MS) of selected Chinese palygorskites-implications for structural water［J］. Thermochimica Acta，2011，512：202-207.

［9］ 吴其胜，张少明，刘建兰. 机械化学在纳米陶瓷材料中的应用［J］. 硅酸盐通报，2002，2：32-37.

［10］ Suárez Barrios M，Flores González L V，Vicente Rodríguez M A，et al. Acid activation of a palygorskite with HCL：development of physico-chemical，textural and surface properties［J］. Applied Clay Science，1995，10 (3)：247-258.

［11］ Myriam M. Structural and textural modifications of palygorskite and sepiolite under acid treatment ［J］. Clays and Clay Minerals，1998，46：225-231.

［12］ Zhang J P. XRF and Nitrogen Adsorption Studies of Acid Activated Palygorskite［J］. Clay Minerals，2010，45：145-156.

［13］ 刘月，郑水林，熊余，等. 酸浸处理对凹凸棒石黏土性能的影响［J］. 非金属矿，2009，32 (1)：58-59.

［14］ Akyuz S，Akyuz T，Davies J E D. FTIR and FT-Raman sepctral investigations of anatolian attapulgite and its interaction with 4,4-bipyridyl［J］. Journal of Molecular Structure，1995，349：61-64.

［15］ Miguel Angel Vicente-RoMercedes Suarez，Miguel Angel Banares. Comparative FTIR study of the removal of octahedral cations and structural modifications during acid treatment of several silicates ［J］. Spectrochimica Acta Part A，1996，52：1685-1694.

［16］ Suarez M，Garcia-Romero E. FTIR spectroscopic study of palygorskite：influence of the composition of the octahedral sheet［J］. Applied Clay Science，2006，31：154-163.

［17］ Sevim Akyuz，Tanil Akyuz. Study on the interaction of nicotinamide with sepiolite，loughlinite and palygorskite by IR spectroscopy［J］. Journal of Molecular Structure，2005，744-747：47-52.

［18］ Madejova J. FTIR techniques in clay mineral studies［J］. Vibrational Spectroscopy，2003，31：1-10.

［19］ Frost R L，Locos O B，Ruan H. Near-infrared and mid-infrared spectroscopic study of sepiolites and palygorskites［J］. Vibrational Spectroscopy，2001，27：1-13.

［20］ Chen Hongxiang，Zeng Danlin，Xiao Xiaoqin，et al. Influence of organic modification on the structure and properties of polyurethane/sepiolite nanocomposites［J］. Materials Science and Engineering A，2011，528：1656-1661.

［21］ Frost R L，Cash G A，Kloprogge T J. Rocky mountain leather，sepiolite and attapulgite-an infrared emission spectroscopic study [J]. Vibrational Spectroscopy，1998，16：173-184.

[22] 李凤生，崔平，杨毅，等. 微纳米粉体后处理技术及应用 [M]. 北京：国防工业出版社，2005.

[23] Huang Jianhua，Yuanfa Liu，Qingzhe Jin，et al. Adsorption studies of a water soluble dye，reactive red MF-3B，using sonication-surfactant-modified attapulgite clay [J]. Journal of Hazardous Materials，2007，143：541-548.

[24] Ji Zhang，Junlong Wang，Yiqian Wu，et al. Preparation and properties of organic palygorskite sbr/organic palygorskite compound and asphalt modified with the compound [J]. Construction and Building Materials，2008，22：1820-1830.

[25] Liang Shao，Jianhui Qiu，Mingzhu Liu，et al. Preparation and characterization of attapulgite/polyaniline nanofibers via self-assembling and graft polymerization [J]. Chemical Engineering Journal，2010，161：301-307.

[26] Liang Feng，Benzhi Liu，Yuehua Deng，et al. Preparation and characterization of attapulgite-silver nanocomposites，and their application to the electrochemical determination of nitrobenzene [J]. Microchim Acta，2011，174：407-412.

[27] 黄健花. 凹凸棒土的有机改性及其应用 [D]. 无锡：江南大学，2008.

[28] 赵娣芳，周杰，刘宁. 凹凸棒石改性机理研究进展 [J]. 硅酸盐通报，2005（3）：67-69.

[29] 胡芳，胡惠仁，祖彬，等. 有机凹凸棒石纳米微粒的制备及性能研究 [J]. 湖南科技大学学报（自然科学版），2008，23（2）：107-110.

[30] Wang L H，Sheng J. Preparation and properties of polypropylene/org-attapulgite nanocomposites [J]. Polymer，2005，46：6243-6249.

[31] Tan L Q，Jin Y L，Chen J，et al. Sorption of radiocobalt（Ⅱ）from aqueous solutions to nano-attapulgite [J]. Journal of Radioanalytical and Nuclear Chemistry，2011，289：601-610.

[32] 柯以侃，董慧茹. 分析化学手册第三分册光谱分析 [M]. 2版. 北京：化学工业出版社，2006.

[33] 张博，许一，徐滨士，等. 亚微米颗粒化凹凸棒石粉体对45钢的减摩与自修复 [J]. 摩擦学学报，2012，32（3）：291-300.

第3章 凹凸棒石矿物润滑脂的制备与性能

3.1 概述

润滑脂通常由基础油、稠化剂、各类减摩抗磨添加剂和功能添加剂等构成，广泛应用于各类机械装置和机电装备的滚动/滑动轴承及齿轮等关键重要零部件的润滑。在载荷和温度作用下，保持在稠化剂内的基础油和添加剂溢出并作用在机械零件摩擦表面，起到润滑、密封、防锈等作用，是确保机械设备持续保持可靠性和良好服役性能的重要润滑材料[1,2]。

基础油是润滑脂的主要组成部分，占总质量的65%～95%，既是润滑脂添加剂的载体和分散介质，同时也是提供润滑、密封和防锈功能的主体，其理化性质直接影响成品润滑脂的性能[3,4]。按来源不同，基础油一般可分成矿物型基础油和合成型基础油两大类。矿物型基础油由天然原油经减压蒸馏和一系列精制处理得到，具有来源广、成本低、润滑性好、黏度范围宽等优点，是目前润滑油（脂）基础油的主要来源。但由于矿物型基础油无法兼顾良好的高低温性能，限制了润滑脂在宽温度范围内的使用。在制备耐极端温度和宽温域润滑脂时，需要使用合成型基础油[5]。合成型基础油属于化学合成的高分子化合物，与矿物型基础油相比具有更好的高低温性能，优良的黏温性能，优异的氧化稳定性，挥发性低，可在高温、低温、宽温域及真空条件下使用。

稠化剂以胶体状态分散于基础油中，形成的特殊结构骨架吸附和固定基础油并使其转变为具有塑性的半固体或半流体状态，其含量占润滑脂总质量的10%～30%，可分为皂基稠化剂和非皂基稠化剂两种。皂基稠化剂主要是脂肪或脂肪酸与碱类通过化学反应所形成的锂、钠、钙、铝、锌、钾、钡、铅、锰等盐类。非皂基稠化剂又分为有机稠化剂和无机稠化剂两类，包括聚脲、氟树脂、对苯二甲酸盐等主要的有机稠化剂，以及膨润土、硅胶、石墨、石棉、聚脲基等无机稠化剂[6,7]。近年来，蛇纹石、凹凸棒石、海泡石、蒙脱石等层状硅酸盐矿物在摩擦学领域研究应用的不断深入，为在线修复型润滑脂的开发提供了低成本、高性能的稠化剂材料[8-11]。将具有天然纳米纤维结构的凹凸棒石矿物粉体引入润滑脂中可以起到兼具稠化剂和实现摩擦表面修复强化的双重功效，表现出独特的性能优势和巨大的应用潜力。

本章在凹凸棒石矿物粉体细化与表面改性处理的基础上，介绍了以合成型基础油聚 α-烯烃（PAO40）为基础油，利用表面改性凹凸棒石粉体为稠化剂的矿物润滑脂制备工艺流程，以及不同稠度等级的 3 类 6 种矿物润滑脂理化性质和摩擦学性能。

3.2 凹凸棒石矿物润滑脂的制备

3.2.1 原料与制备工艺

利用第 2 章介绍的硅烷偶联剂 KH-550 表面改性凹凸棒石矿物粉体和阳离子表面活性剂 CTAB 球磨改性凹凸棒石矿物粉体作为稠化剂制备凹凸棒石矿物润滑脂。为满足苛刻服役工况装备对高性能润滑脂高滴点、宽温域的技术要求，选用合成型基础油聚 α-烯烃（PAO40）作为基础油。所用聚 α-烯烃（PAO40）的主要性能参见表 3-1。

表 3-1 聚 α-烯烃（PAO40）的主要性能参数

项目	技术指标	分析方法
外观	清亮透明体	目测
色度(级)	0.5	GB/T 6540
运动黏度(100℃)	40.88	GB/T 265
运动黏度(40℃)	428	GB/T 265
黏度指数	146	GB/T 1995
开口闪点/℃	284	GB/T 3536
倾点/℃	−39	GB/T 3535
密度(20℃)/(kg/m³)	850	GB/T 1884
水分/ppm	25	GB/T 11146
酸值/(mg KOH/g)	0.01	GB/T 7304
溴值/(g Br/100g)	0.078	GB/T 0236

（1）稠化剂的制备

按照 2.4.1 节所述工艺，采用桨式机械搅拌工艺并利用硅烷偶联剂 KH550

对凹凸棒石矿物粉体进行表面改性，获得 KH-550 表面改性凹凸棒石矿物粉体，作为待用稠化剂 1，其结构如图 3-1 所示，图中 R′表示凹凸棒石粉体表面。

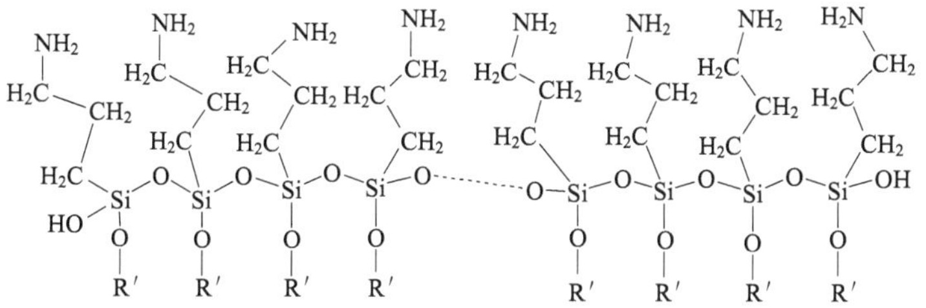

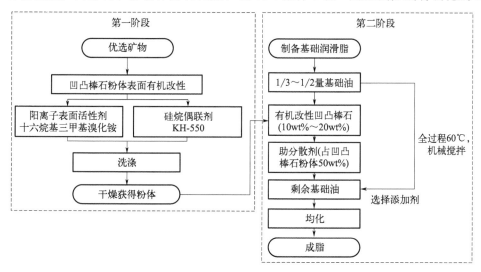

图 3-1　KH-550 改性凹凸棒石矿物粉体分子结构示意图

按照 2.4.2 节所述纳米砂磨机改性工艺并利用阳离子表面活性剂改性钠基凹凸棒石矿物粉体，获得经 CTAB 表面改性的凹凸棒石粉体，作为待用稠化剂 2，其结构如图 3-2 所示。

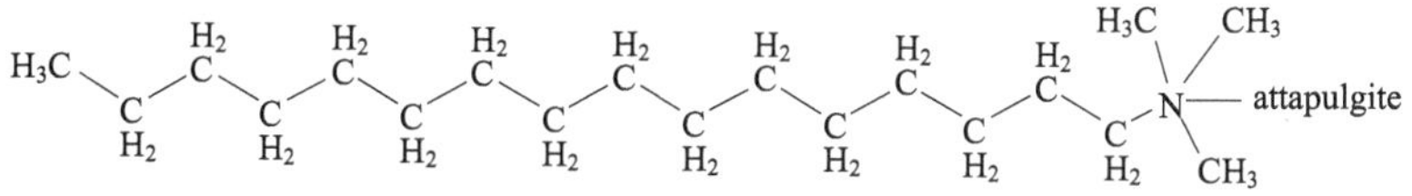

图 3-2　CTAB 改性凹凸棒石矿物粉体分子结构示意图

（2）润滑脂的制备

采用加热浓缩法制备凹凸棒石矿物润滑脂，工艺流程如图 3-3 所示。以表面有机改性凹凸棒石矿物粉体为稠化剂，在 60℃条件下按一定比例分别将稠化剂 1

图 3-3　凹凸棒石矿物润滑脂制备工艺流程示意图

和稠化剂 2 与 PAO40 基础油进行充分混合，并加入适量丙酮作为助分散剂。当需要加入抗磨添加剂或功能添加剂时，将添加剂均匀分散在基础油中并与含稠化剂基础油混合。最后，将充分机械搅拌后所得的均匀、黏稠的脂状物，经三辊研磨机数次剪切，得到凹凸棒石矿物润滑脂。

稠度是表征润滑脂可塑性和流动性的重要特征参数，通常用锥入度衡量，即 25℃下用钝角形金属尖锥体在 5s 内依靠自重沉入润滑脂的深度，以 1/10mm 为单位。按照美国润滑脂协会（NLGI）的规定，润滑脂稠度按锥入度分为 9 个等级，其与锥入度的对应关系见表 3-2。锥入度值越大，润滑脂的稠度越小，润滑脂偏软且流动性越好；反之，稠度越大，润滑脂越硬且其流动性差。过软的润滑脂在使用中容易变稀，甚至流失，从而脱离润滑表面；而过硬的润滑脂由于流动性差，不适用于高速运转的机械零部件和集中润滑场合。考虑到自修复型润滑脂主要应用于汽车、工业装备、轨道交通、国防装备等领域，不同应用场景对润滑脂稠度等级的要求相对集中在 1～3 级，即"非常软""软""中"3 种状态，因此润滑脂制备过程中通过调整凹凸棒石矿物稠化剂的含量，结合润滑脂稠度与锥入度关系，得到稠度等级在 1～3 级的润滑脂，对应的凹凸棒石粉体含量分别约占润滑脂总质量的 15％、20％和 25％。

表 3-2 润滑脂 NLGI 稠度与锥入度值对应关系表

稠度等级	000	00	0	1	2	3	4	5	6
锥入度/0.1mm	445～475	400～430	355～385	310～340	265～295	220～250	175～205	130～160	85～115

图 3-4 给出了 KH-550 表面改性凹凸棒石矿物作为稠化剂（稠化剂 1）制备的润滑脂宏观形貌照片，稠度为 1～3 级润滑脂分别标为 K1、K2 和 K3。图 3-5 为 CTAB 表面改性凹凸棒石矿物作为稠化剂（稠化剂 2）制备的润滑脂宏观形貌照片，稠度为 1～3 级润滑脂分别标记为 C1、C2 和 C3。

3.2.2 矿物润滑脂的理化性质

分别采用标准 GB/3498（等效于 ASTM D2265）、GB/T 269（等效于 ASTM D217）、GB/T 7326（等效于 ASTM D4048-1981）、SH/T 0202（等效于 ASTM D2596-82）、SH/T 0324（等效于 FED791C321.3-86）对凹凸棒石矿物润滑脂的滴点、锥入度、铜片腐蚀、四球极压性以及钢网分油性能进行评价，基本理化性能如表 3-3 所示。KH-550 改性凹凸棒石和 CTAB 改性凹凸棒石所制备的

图 3-4　以 KH-550 改性凹凸棒石粉体为稠化剂制备的矿物润滑脂宏观形貌

（a）1 级脂；（b）2 级脂；（c）3 级脂

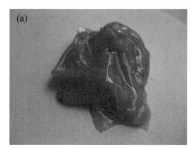

图 3-5　以 CTAB 改性凹凸棒石粉体为稠化剂制备的矿物润滑脂宏观形貌

（a）1 级脂；（b）2 级脂；（c）3 级脂

润滑脂的基本性能结果表明，润滑脂的滴点最低已超过 280℃，达到了高滴点润滑脂的要求，铜片腐蚀试验通过，钢网分油量满足汽车通用润滑脂的性能要求，四球磨损试验表明其具有优良的极压性。

表 3-3　矿物润滑脂的基本理化性能

测试项目	CTAB 改性凹凸棒石粉体			KH-550 改性凹凸棒石粉体			测试方法
	1 级脂	2 级脂	3 级脂	1 级脂	2 级脂	3 级脂	
外观质量	浅黄灰色均匀油膏						目测
滴点/℃（不低于）	360	380	380	300	307	284	GB/T 3498
锥入度/0.1mm	313.5	272.7	245.8	314.5	294.9	252.1	GB/T 269
铜片腐蚀 （T2 铜片,100℃/24h)	1b						GB/T 7326
P_B 值/N P_D 值/N	696 1961	785 2452	785 2452	696 1961	785 1961	785 2452	
钢网分油 （100℃,24h）	<3%						SH/T 0324

3.2.3　凹凸棒石矿物润滑脂的成脂过程

以表面改性凹凸棒石矿物粉体作为稠化剂制备润滑脂时，分散的凹凸棒石纤维棒晶及晶束结构中含有大量的微孔，比表面积大，有利于吸附基础油并充分润湿。首先，基础油与凹凸棒石纤维间通过端—端氢键和范德华力作用形成凝胶体系，使液相黏度增大；其次，在机械搅拌形成的剪切力作用下，加入凝胶体系的极性助分散剂促使凹凸棒石粉体进一步分散，形成的强结合氢键有助于纤维颗粒间发生键合；最终，通过施加高剪切力，凹凸棒石纤维在基础油中得到充分分散而形成三维网状骨架结构，基础油均匀地填充在三维骨架空隙中，形成完全的流变结构。实际上，经过有机改性后的凹凸棒石纤维颗粒表面均匀吸附了大量表面活性剂分子，润滑脂的成脂过程实际上是表面活性剂分子的自组装过程[3,12]。

3.3　摩擦学性能

3.3.1　试验方法

采用 Optimal SRV4 磨损试验机（图 3-6）研究矿物润滑脂在点接触、往复滑动条件下的摩擦学性能。试验机上试样为 GCr15 钢球（硬度为 HRC59～61），直径 10.0mm；下试样为 GCr15 钢盘（硬度为 HRC59～61），直径 24mm，厚度7.9mm。研究往复滑动频率对润滑脂摩擦学性能的影响时，试验条件为：载荷

300N（对应初始赫兹接触应力 3138MPa），时间 30min，往复行程 1mm，温度 50℃，频率分别为 10Hz、20Hz、30Hz、40Hz 和 50Hz；研究载荷对润滑脂摩擦学性能的影响时，试验条件为：频率 30Hz，时间 30min，往复行程 1mm，温度 50℃，载荷分别为 100N、200N、300N、400N 和 500N（对应的初始赫兹接触应力分别为 2176MPa、2742MPa、3138MPa、3454MPa 和 3721MPa）。试验前后，采用乙醇溶液对摩擦副试样进行超声清洗 10min。利用 MicroXAM-3D 表面轮廓仪测量下试样钢盘的磨损体积，并计算出磨损率。磨损率定义为磨损体积对载荷和磨损行程乘积的算术均值。每个试样重复测量 3 次，取其平均值为最终结果。

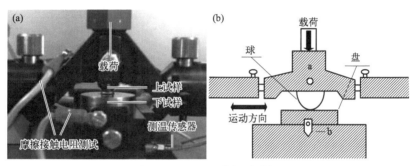

图 3-6　SRV4 磨损试验机

（a）实物图；（b）原理示意图

3.3.2　不同往复频率条件下润滑脂的摩擦学性能

图 3-7 为不同往复频率条件下 6 种矿物润滑脂的摩擦学性能。由图 3-7（a）所示润滑脂摩擦系数随滑动频率变化的关系曲线可以看出，随着滑动频率的增加，除 C3 润滑脂的摩擦系数呈现下降趋势外，其他 5 种矿物润滑脂的摩擦系数均不断升高。其中，在滑动频率增加过程中，C3 润滑脂的摩擦系数均低于相同条件下其他脂样，其摩擦系数随频率升高的变化范围最小。在较低往复频率（10Hz）时，C2 润滑脂摩擦系数最高，C1 润滑脂次之，C3 润滑脂与 K1、K2 和 K3 润滑脂摩擦系数接近，表明 C3、K1、K2 和 K3 润滑脂的减摩性能在低速条件下相近。当往复频率高于 20Hz 后，C1 和 C2 润滑脂的摩擦系数接近，为 6 种矿物润滑脂中最高，减摩性能相对较差。

K2 脂与 K3 脂在往复频率 20～50Hz 变化过程中，除在 30Hz 时 K3 脂的摩擦系数出现一次幅度较大的跳跃，其他情况下这两种脂的摩擦系数均表现出随频率增加而增加的态势，并且两者在同频率时的摩擦系数值比较接近，总体减摩性强于 C1 脂和 C2 脂，应处于第二个层次。随着往复频率增加，C1、C2、K1、K2润滑脂的摩擦系数整体呈上升趋势，K3 润滑脂摩擦系数则先升高后下降，而 C3润滑脂摩擦系数则不断减小。相对而言，C3 润滑脂在不同往复频率下的摩擦系数均较小，表现出最佳的减摩性能。

由图 3-7(b) 所示下试样钢盘磨损率随往复频率变化的关系曲线可以看出，K1 润滑脂润滑下材料磨损率随往复频率增加先减小后增大，而其余润滑脂则呈先增大而后下降的变化。其中，C3 润滑脂润滑下的材料磨损率在各往复频率下最低且随载荷增加变化最小，表现出最佳的抗磨性能。

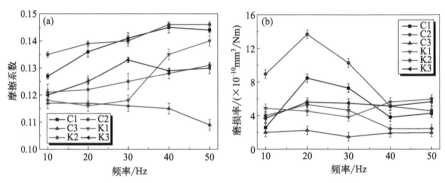

图 3-7　矿物润滑脂摩擦学性能随往复载荷变化的关系曲线

(a) 摩擦系数；(b) 磨损率

3.3.3　不同载荷条件下润滑脂的摩擦学性能

图 3-8 为不同载荷条件下 6 种润滑脂的摩擦学性能。K2 润滑脂的摩擦系数

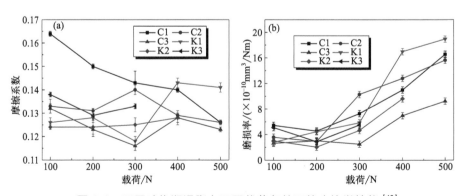

图 3-8　不同矿物润滑脂在不同载荷条件下的摩擦学性能[13]

(a) 摩擦系数；(b) 磨损率

随载荷增加而小幅升高，但在载荷达到 500N 时出现摩擦副卡死现象，导致磨损试验无法继续进行；K3 润滑脂的摩擦系数随载荷增加变化较大，出现明显波动，且在载荷达到 400N 时摩擦副卡死，导致试验无法继续。总体上，KH-550 表面改性凹凸棒石作为稠化剂制备的润滑脂在低载荷条件下能表现出一定的减摩性能，但随载荷变化的波动较大，甚至在高载荷时无法提供有效润滑。随着载荷的增加，C1 润滑脂的摩擦系数逐渐减小，其余润滑脂摩擦系数的变化趋势不规律。在载荷变化过程中，C3 润滑脂的摩擦系数均低于 C1 与 C2 润滑脂，表现出优于 C1 与 C2 润滑脂的减摩性能。而对于不同脂样润滑下钢盘磨损率，整体上均随载荷升高而不断增大，其中 C3 润滑脂在各载荷下的磨损率均处于较低值，表现出较好的抗磨性能。

经 KH-550 表面改性的凹凸棒石作为稠化剂所制备的润滑脂中，K2 和 K3 润滑脂分别在 500N 和 400N 试验条件下出现摩擦副卡咬，导致摩擦磨损试验无法完成。同时，K1 脂的摩擦系数随载荷的波动变化较大，高载时摩擦系数较高。而经 CTAB 表面改性的凹凸棒石作为稠化剂制备的润滑脂在高载时未出现摩擦副卡咬，且 C3 润滑脂在不同载荷和往复频率下均表现出最佳的减摩抗磨性能，表明 CTAB 表面改性凹凸棒石矿物更适合作为自修复润滑脂的稠化剂。

3.4　摩擦表/界面分析

3.4.1　摩擦表面微观形貌与元素组成

图 3-9 所示为载荷 500N、往复频率 30Hz 条件下，C1、C2、C3、K1 润滑脂润滑磨损表面形貌的 SEM 照片。可以看出，C1、C2、C3 脂润滑的磨损表面较光滑平整，没有明显的贯穿性犁沟和大面积材料剥落，磨损表面存在层叠状、不连续的碾压铺展层。而 K1 脂润滑作用下的磨损表面多数区域较光滑平整，局部区域存在面积较大的材料剥坑。

对 C2 和 C3 润滑脂润滑的磨损表面进行局部放大观察，得到微观形貌的 SEM 照片如图 3-10 所示。磨损表面均可清晰地观察到碾压铺展层，其中，C2 润滑脂润滑的磨损表面铺展层不连续，存在较大的空隙；而 C3 润滑脂润滑的磨损表面铺展层相对致密，且可观察到与凹凸棒石矿物粉体形貌相同的纤维状微小颗粒（见图中虚线框内区域）。

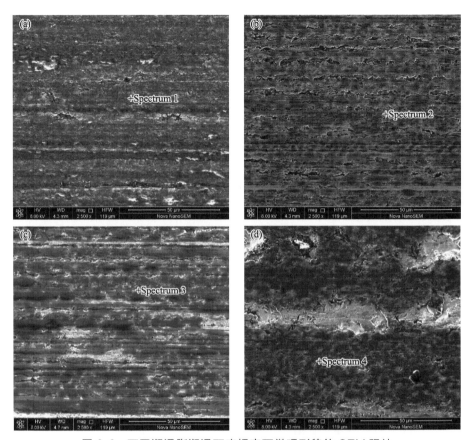

图 3-9　不同润滑脂润滑下磨损表面微观形貌的 SEM 照片

（a）C1 脂；（b）C2 脂；（c）C3 脂；（d）K1 脂

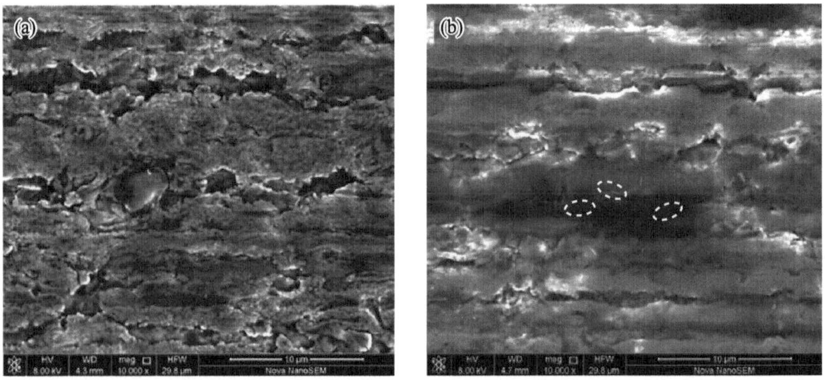

图 3-10　C2 和 C3 润滑脂润滑的磨损表面局部放大形貌 SEM 照片

（a）C2 脂；（b）C3 脂

　　对图 3-9 所示 4 个磨损表面分别选取 4 个点（Spectrum 1、Spectrum 2、Spectrum 3 和 Spectrum 4）进行 EDS 分析，结果见图 3-11。C1 润滑脂润滑的磨损表面上主要存在 C、O、Fe 和 Si 元素，C2 润滑脂润滑的磨损表面主要存在 O、Mg、Al、Fe 和 Si 元素，C3 和 K1 润滑脂润滑的磨损表面主要存在 C、Mg、Al、O、Fe 和 Si 元素。以上结果表明，凹凸棒石矿物作为稠化剂均匀分散在润滑脂内，在摩擦过程中凹凸棒石矿物粉体吸附在摩擦表面，与铁基摩擦表面发生了摩擦化学反应，形成富含凹凸棒石特征元素 O、Si、Al、Mg 的摩擦化学反应层（或称为"自修复层"）。

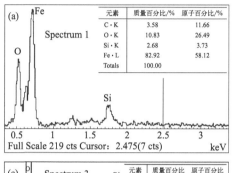

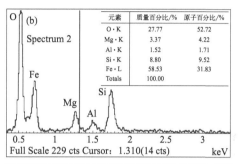

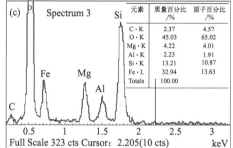

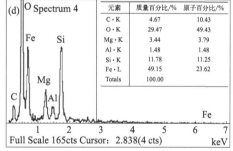

图 3-11　不同润滑脂润滑下磨损表面 EDS 分析

（a）C1 脂；（b）C2 脂；（c）C3 脂；（d）K1 脂

　　为了进一步证实凹凸棒石润滑脂在磨损表面形成了自修复层，选取 K1 润滑脂润滑下的磨损表面进行 SEM 分析。图 3-12 为磨痕整体形貌与局部微观形貌的 SEM 照片。可以看到，在磨痕正中区域接触应力最大处（运动过程中此处的滑动速度和摩擦力最高）发生黏着磨损，致使一定面积的材料剥落，剥落区域在 SEM 照片中呈灰白色。对剥落区域进行高倍观察，并对材料剥落坑和剥落坑以外的表面分别进行 EDS 分析，结果如图 3-13 所示。剥落坑内的元素组成主要为 Fe 和少量 C，说明此处即为新鲜的摩擦副基体材料；而剥落坑以外的表面元素构成则以 O、Fe、Si、Mg 和 Al 为主，进一步证实了磨损表面生成的层叠状、不连续的碾压铺展层为自修复层。

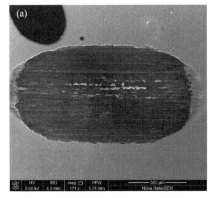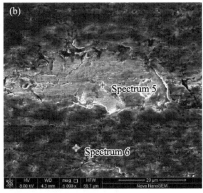

图 3-12 K1 润滑脂润滑的磨痕形貌的 SEM 照片

（a）磨痕整体形貌；（b）局部微观形貌

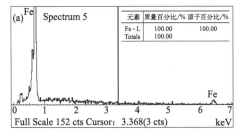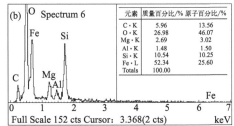

图 3-13 K1 脂润滑磨痕局部放大处 EDS 分析

（a）材料剥落；（b）修复层

3.4.2 摩擦表面成分

　　为进一步分析矿物润滑脂在磨损表面形成修复层的化学组成，对 C3 脂润滑下摩擦表面进行 XPS 分析。图 3-14 是磨损表面经 $50s$ 溅射后采集得到的 $Fe2p$、$O1s$、$Mg1s$、$Al2p$、$Si2p$ 及 $C1s$ 的 XPS 精细结构图谱。可以看出，$Fe2p_{3/2}$ 的精细结构谱可拟合为 $709.6eV$、$708.1eV$ 和 $706.69eV$ 等 3 个子峰，分别对应 FeO、Fe_3C 和 Fe，其对应的质量分数分别为 29.12%、38.38% 和 32.5%；$O1s$ 的精细结构谱可拟合为 $528.48eV$、$529.96eV$、$531.17eV$ 和 $532.34eV$ 等 4 个子峰，分别对应 Al_2O_3、FeO、Mg_2SiO_4 和 SiO_2，其对应的质量分数分别为 16.29%、27.24%、31.66% 和 24.81%；$C1s$ 的精细结构谱可拟合为 $283.6eV$ 和 $283.44eV$ 子峰，分别对应 Fe_3C 和 SiC，其对应的质量分数分别为 34.59% 和 65.41%；$Si2p$ 的精细结构谱可拟合为 $100.1eV$、$101.1eV$、$102.1eV$ 和 $103eV$ 等 4 个子峰，分别对应 SiC、SiO_x、SiO 和 SiO_2 与硅酸盐混合物，其对应的质量分数分别为 15.49%、25.61%、31.25% 和 27.65%；$Mg1s$ 的精细结构谱可

拟合为 1302.5eV、1304eV 和 1305.2eV 子峰，分别对应 Mg(OH)$_2$、凹凸棒石脱水产物 Mg$_2$SiO$_4$ 和凹凸棒石 (Al/Mg)Si$_4$O$_{10}$(OH)$_2 \cdot n$H$_2$O，其对应的质量分数分别为 36.51%、34.62% 和 28.87%；Al2p 的精细结构谱可拟合为 72.8eV 和 74.5eV，分别对应 Al$_2$O$_3$ 和 (Al/Mg)Si$_4$O$_{10}$(OH)$_2 \cdot n$H$_2$O，其对应的质量分数分别为 53.52% 和 46.48%。

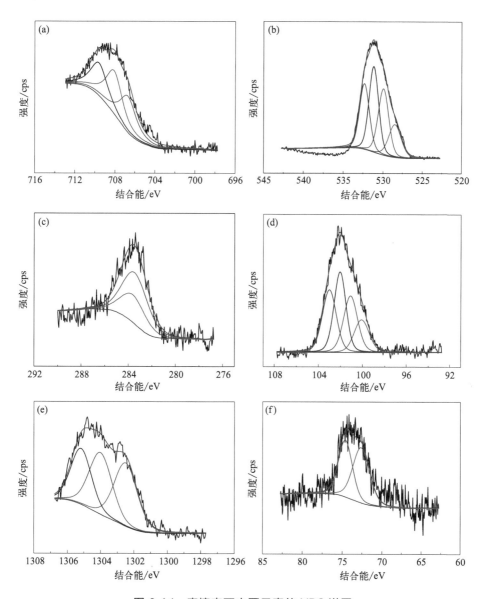

图 3-14　摩擦表面主要元素的 XPS 谱图

(a) Fe2$p_{3/2}$；(b) O1s；(c) C1s；(d) Si2p；(e) Mg1s；(f) Al2p

以上分析说明,摩擦过程中矿物润滑脂中的凹凸棒石纤维在摩擦表面既存在直接的颗粒物理吸附,以凹凸棒石矿物原石 $(Al/Mg)Si_4O_{10}(OH)_2 \cdot nH_2O$ 形式存在;同时自身发生脱水反应,形成镁橄榄石 (Mg_2SiO_4)、氧化硅 $(SiO_x$、SiO 和 $SiO_2)$ 和氧化铝等硬质产物;更为重要的是,与摩擦表面 Fe、C 元素发生摩擦化学反应,生成 FeO 和 Fe_3C 等含铁化合物[14-18]。

摩擦表面形成的自修复层中 C 元素来自润滑脂中的基础油裂解,Fe 元素是摩擦副材料主要元素,Si、Mg、Al 元素来自凹凸棒石,而 O 元素的来源有两种可能性:一是来自空气,二是来自凹凸棒石中的活性含 O 基团。结合形貌分析结果可以判定,修复层的形成一部分原因是基于凹凸棒石粉体颗粒的物理吸附,在摩擦表面形成粉体颗粒沉积与镶嵌;另一部分原因则是摩擦过程中形成的局部高温高压条件,使凹凸棒石发生脱水反应、解理断裂以及摩擦化学反应,从而形成由 Mg_2SiO_4、SiO_x、SiO、SiO_2、Al_2O_3、FeO 和 Fe_3C 等复杂成分构成的自修复层[19-26]。

3.4.3 自修复层截面形貌与成分

为进一步探讨润滑脂的减摩抗磨和磨损自修复机理,对矿物润滑脂润滑下的试样截面进行了 SEM 观察和元素线扫描分析。图 3-15 所示为磨损截面形貌的 SEM 照片及元素分析结果。可以看出,凹凸棒石矿物润滑脂润滑下的磨损表面生成了分布均匀、厚度 8~10μm 的自修复层,其结构比较致密,内部未见明显的裂纹和孔洞,与磨损表面结合紧密。图 3-15(b)~(g) 为沿自修复层表面向其与磨损表面结合界面方向的各元素分布。与摩擦副基体材料相比,修复层上 Fe 元素含量明显降低,尤其在修复层表面,几乎未见 Fe 元素;距自修复层表面约 5μm 内 O 元素的含量较少,随后在 5~10μm 范围内 O 元素含量迅速升高,并延续到自修复层和基体的结合界面,直至偏向基体一侧 O 元素含量逐渐降低;同基体相比,自修复层上 C 元素含量明显增高,尤其是自修复层的表面和邻近界面区域,说明润滑油裂解产生的含 C 有机物更容易在自修复层表层和磨损界面沉积;此外,自修复层中部至界面区域 Si、Mg、Al 元素分布规律相似,含量相对较高。

采用透射电镜(TEM)对矿物润滑脂润滑下磨损表面形成的自修复层进行局部微观结构与成分分析,图 3-16 为相应的 TEM 照片、EDS 谱图及电子衍射花样(SAED)。由低倍 TEM 照片结合 EDS 分析可以看出,自修复层内部黑色区域主要由 Fe、C、O 元素构成,而灰白色区域主要由 Fe、C、O、Si、Mg、Al 构成,二者之间结合良好,界面纯净且未见明显的孔隙和裂纹。由高倍 TEM 照片并结合选区电子衍射花样分析可知,修复层内镶嵌非晶态的 SiO_2 颗粒,黑色

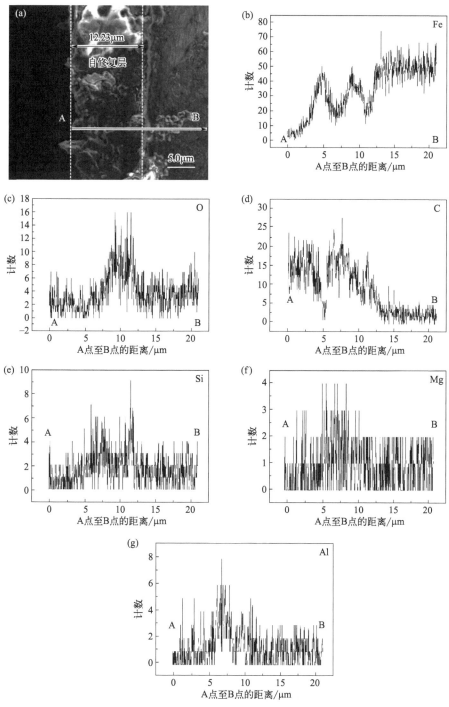

图 3-15　矿物润滑脂润滑下磨损表面典型形貌的 SEM 照片与元素线扫描结果

（a）SEM 形貌；（b）Fe 元素分布；（c）O 元素分布；（d）C 元素分布；（e）Si 元素分布；

（f）Mg 元素分布；（g）Al 元素分布

相包含大量的 Fe_2O_3 等铁的氧化物。由于 TEM 分析的区域尺度有限，因此仅观察和分析得到修复层内局部微观结构与组成，所得物相种类远少于 XPS 分析获得的自修复层物相构成。

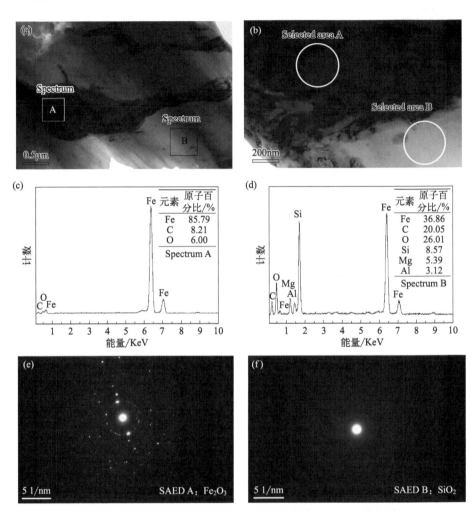

图 3-16　矿物润滑脂在磨损表面形成的自修复层 TEM 分析结果

(a)、(b) TEM 照片；(c)、(d) EDS 图谱；(e)、(f) 选区电子衍射花样

3.5　减摩自修复机理

3.5.1　矿物减摩自修复过程的内外驱动力

凹凸棒石矿物润滑脂是一种可实现机械运行过程中损伤原位自修复的在线修

复型润滑脂。凹凸棒石矿物在摩擦过程特有的热力耦合作用下，与磨损表面发生复杂的物理和化学相互作用，通过物理吸附、机械抛光、摩擦化学反应等进程，对磨损表面进行填充修补、精密研磨以及对早期微观损伤的原位自修复，最终在磨损表面形成一定厚度的自修复层。

凹凸棒石矿物润滑脂的自修复机理十分复杂，其自修复过程是热力学、动力学、机械力化学、催化化学、冶金学等多学科交织的复杂物理和化学过程。在摩擦磨损过程中，凹凸棒石矿物独特的晶体结构与摩擦过程的热力耦合作用分别是凹凸棒石实现减摩自修复的内外驱动力，是矿物润滑脂发挥优异减摩抗磨及自修复性能的关键。

（1）凹凸棒石矿物粉体的晶体结构

凹凸棒石矿物是一种层链状结构硅酸盐，属于天然的一维纳米材料。凹凸棒石晶体结构中的 Si-O 四面体层（T）和 Mg-OH/O 八面体层（O）以 2：1 的形式（TOT 型）键合成结构单元层，四面体层内基本由共价键联结，八面体层内主要是离子键联结，而每个四面体层和八面体层构成的结构单元层与相邻单元层之间则依靠范德华力和氢键联系在一起，且层间存在失配应力，导致层间分子键结合较弱，晶体结构不稳定。此外，作为一种层链状结构晶体，凹凸棒石的解理断面上含有大量的活性基团，主要包括不饱和 O-Si-O 键、不饱和 Si-O-Si 键、-OH 键和氢键等。

一方面，凹凸棒石晶体结构内各活性基团提供了与磨损表面金属发生摩擦化学反应的活性反应物，主要包括：

① 硅原子外层轨道中 1 个 s 轨道和 3 个 p 轨道重新组合成能量相等的 sp^3 杂化轨道，4 个等价 sp^3 杂化轨道和 4 个氧原子的 p 轨道形成 4 个等价的 σ 键，从而形成 Si-O 四面体。硅原子容易极化，且呈现正电性，而且硅氧键极性很大，该键极易发生断裂，进而释放出大量的活性氧原子。

② 不饱和 Si-O-Si 键同样为共价键，其中两个等价的 sp^3 杂化轨道分别与氧原子的两个 p 轨道结合，形成两个等价的 σ 键。不饱和 Si-O-Si 键其实是一种悬挂键，该键只有一个未饱和电子，既可以给出 1 个电子，也可以接受 1 个电子，因此具有很高的活性。同样，该不饱和键也容易发生断裂。

③ 晶体结构中的 Mg(Al)-OH/O 八面体层含有大量羟基，可分为内、外羟基两种类型，其中 1 个内羟基位于八面体层的底部，而 3 个外羟基则位于八面体层顶部；羟基的化学活性很强，能以离子键的形式将金属离子附着在矿物表面，还可与阴离子发生置换反应。

④ 羟基上的氢与氧以共价键结合，氢原子位于羟基的外层，与硅氧四面体层中桥氧的独立电子云互相吸引而形成氢键。氢键中的氢原子能够吸引电负性较大的原子或原子团，表现出一定的化学活性。

另一方面，如前所述（2.3节），凹凸棒石矿物受热发生相变和脱水反应，形成的脱水反应产物属于硬质相，会起到强化磨损表面，改善摩擦材料耐磨性的作用。不同温度下脱水反应产物及过程如下：

① 在200℃以下，失去表面吸附水；

② 200～700℃，失去全部沸石水、大部分结构水和结晶水，并生成部分由晶态向非晶态转变的 SiO_2；

③ 700～900℃，失去晶体结构中的全部羟基，原晶体结构坍塌并全部转变为非晶态 SiO_2 和晶态硅酸镁（$MgSiO_3$）；

④ 1000℃以上，完全转变为晶态 SiO_2 和 $MgSiO_3$。

（2）摩擦过程中的热力耦合作用及影响

摩擦副的微观形貌表面是由许多微凸体和凹坑组成，因此其接触表面比较粗糙，当摩擦副接触时，实际接触只发生在表观面积的极小部分上。在摩擦过程中，载荷、相对运动速度和温度等因素对摩擦副的实际接触面积的大小和分布有着一定的影响，进而对摩擦过程中产生的能量和应力有着较大的影响。

在摩擦过程中，摩擦副的表面间相互接触，微凸体相互作用穿透油膜，微凸体发生剧烈的碰撞，从而引起微凸体的塑性变形和断裂，因此会引发局部很高的瞬间闪温和高压，闪温和高压的形成主要能起到如下几个作用：

① 促进凹凸棒石矿物的吸附沉积和结构失稳；

② 促进部分润滑油的碳链裂解；

③ 促进摩擦副表面的组织结构变化；

④ 促进凹凸棒石和金属摩擦副间的摩擦化学反应；

⑤ 促进摩擦化学反应产物的熔合及其与金属摩擦表面的结合。

3.5.2 矿物减摩自修复机理

凹凸棒石润滑脂复杂的减摩自修复过程主要包括以下几个方面：

① 边界润滑与物理吸附。凹凸棒石润滑脂是由基础油和凹凸棒石粉体颗粒组成的稳定的胶体，胶体能够作为一个良好的夹层，起到隔绝摩擦副的作用。此外，在摩擦过程中，摩擦副接触平面之间的润滑脂被挤压出含凹凸棒石粉体颗粒的基础油，基础油不断向接触区域流动并在磨损表面铺展成油膜，在起到润滑作

用的同时，凹凸棒石矿物粉体因自身的高吸附性和大比表面积，不断吸附沉积在磨损表面。

② 微细抛光。在摩擦力的作用下，凹凸棒石纳米颗粒通过基础油被不断传递至磨损区域，填充磨损表面微区的凹谷，同时对磨损表面微凸体起到精细抛光的作用，降低了表面粗糙度，从而改善摩擦接触区域的应力分布。

③ 层间解理。凹凸棒石为层链状硅酸盐，层间由较弱的范德华力和氢键联结，在局部微观高压的作用下，凹凸棒石的片层之间沿平行于层面的方向发生解理，同时各个单层因为碾压而向金属表面铺展成膜，从而起到减小摩擦的作用。

④ 摩擦化学反应。微凸体的相互碰撞和剪切产生了大量的铁屑和磨粒。同时，在摩擦力的作用下，金属表面发生相变和变形，在磨损部位的新生断面上刚刚裸露出的 Fe 原子拥有现成的自由键，同时局部微观高温增大了表面原子的内能，使得 Fe 原子的化学活性得到进一步提高（化学能隙更小）。这些改变为摩擦化学反应提供了大量的活性 Fe。

在微凸体的相互接触过程中，凹凸棒石粉体颗粒受到挤压和剪切形成更小的颗粒，同时其表面活性和吸附性得到提升。在摩擦力、压应力、局部高压和闪温的共同作用下，凹凸棒石的晶格畸变加剧，结构稳定性降低，导致其发生结构失稳，从而造成层间破坏、化学键断裂和羟基脱除，释放出大量的活性氧原子和活性基团。同时，在局部闪温的作用下，凹凸棒石的晶体结构和表面性能会发生一定的变化。随着温度的升高，凹凸棒石会陆续脱除外表面的吸附水、孔道水、结晶水和结构水，同时会陆续出现结构折叠、孔道坍塌乃至非晶化，进而提高其化学活性和吸附性。

随着摩擦的进行，能量不断得到累积，能量累积到一定程度之后，摩擦表面便可发生复杂的摩擦化学反应，主要的摩擦化学反应有：a. 铁屑、铁磨粒、摩擦副表面活性铁原子与凹凸棒石释放出的活性氧原子和羟基发生反应，生成多相铁的氧化物；b. 凹凸棒石释放出的活性基团发生重组，生成硅的氧化物和氧化铝；c. 部分润滑油发生裂解，生成裂解的碳链有机物。随后，摩擦化学反应产物和未反应的铁屑、磨粒、凹凸棒石粉体颗粒在局部高压和局部闪温的作用下熔合成多相的金属陶瓷修复层，修复层的主要成分为多相铁的氧化物、硅的氧化物、氧化铝、有机物等产物。

⑤ 基体与修复层的结合。在局部高压和局部闪温的作用下，摩擦化学反应的产物处于熔融状态，在微观高压的挤压下，会被强大压力挤入阻力更小的空间之中，迅速完成异位结晶过程，且被压成一体。与此同时，金属陶瓷与金属物质

间发生相互扩散，进而通过机械镶嵌结合和化学键联结在一起。因为生成的金属陶瓷修复层中含有大量的金属成分，而且金属陶瓷修复层呈现非晶态，所以修复层与基体之间的结合力较好。

⑥ 自修复层的动态生长。随着摩擦的进行，摩擦副接触区域不断形成新生表面，同时凹凸棒石粉体颗粒不断吸附沉积到磨损区域进行局部修复，使得金属陶瓷修复层不断在磨损表面铺展和压延，修复层的厚度不断增加，均匀性也不断得到改善。与此同时，修复层在摩擦力的作用下不断发生磨损而从基体上剥落，剥落后形成的磨粒在造成磨粒磨损的同时又会沉积到磨损表面，达到了修复层的形成和磨损的一种动态的竞争关系，最终金属陶瓷修复层呈现出动态生长的趋势。

参考文献

[1] Gow G. Lubricating Grease [J]. Chemistry and Technology of Lubricants, 2010, 3: 411-432.

[2] 王先会. 润滑油脂生产技术 [M]. 北京: 中国石化出版社, 2009.

[3] 朱廷彬. 润滑脂技术大全 [M]. 北京: 中国石化出版社, 2005.

[4] 孙全淑. 润滑脂的性能与应用 [M]. 北京: 中国石化出版社, 1998.

[5] 钟泰岗, 钟淑芳. 汽车用润滑脂及添加剂 [M]. 北京: 化学工业出版社, 2006.

[6] 陈学军, 谭胜, 闫鹏程. 军械装备通用润滑脂的研制 [J]. 军械工程学院学报, 2007 (6): 61-64.

[7] 谭胜, 陈学军. 汽车与火炮通用润滑脂的研制 [J]. 河北化工, 2007 (9): 15-16.

[8] 王鹏, 赵芳霞, 张振忠, 等. 纳米铋/蛇纹石粉复合润滑脂添加剂摩擦学性能及机理初探 [J]. 石油学报 (石油加工), 2011, 27 (04): 643-648.

[9] 胡亦超, 夏延秋. 硅酸盐粉末作为润滑脂添加剂的摩擦磨损特性及绝缘性能研究 [J]. 材料保护, 2020, 53 (04): 78-83.

[10] Cao Z, Xia Y, Xi X. Nano-montmorillonite-doped lubricating grease exhibiting excellent insulating and tribological properties [J]. Friction, 2017, 5 (2): 219-230.

[11] Nan F, Yin Y. Improving of the Tribological Properties of Attapulgite Base Grease with Graphene [J]. Lubrication Science, 2021, 33 (7): 380-393.

[12] 何懿峰, 孙洪伟, 段庆华. 润滑脂合成机理探索 [J]. 石油学报 (石油加工), 2009, 25 (增刊): 98-102.

[13] 张博, 许一, 王建华, 等. 非皂基高温功能润滑脂摩擦学性能 [J]. 功能材料, 2014, 18 (45): 18072-18077.

[14] 张博, 许一, 王建华, 等. 非皂基凹凸棒石润滑脂磨损修复机理研究 [J]. 摩擦学学报, 2014, 6 (34): 697-704.

[15] 张博, 许一, 王建华. 凹凸棒石润滑脂添加剂对 45 号钢的微动磨损及自修复性能研究 [J]. 石油

炼制与化工，2014，（45）：89-94.

[16] Yu H L, Wang H M, Yin Y L, et al. Tribological behaviors of natural attapulgite nanofibers as an additive for mineral oil investigated by orthogonal test method [J]. Tribology International，2021，153：106562.

[17] 南峰，许一，高飞，等 . 凹凸棒石粉体作为润滑油添加剂的摩擦学性能 [J]. 硅酸盐学报，2013，41（6）：836-841.

[18] Wang L M, Xu B S, Xu Y, et al. Wear failure behavior of steel surface with palygorskite powders as lubricant additives [J]. Key Engineering Materials，2012，525-526：329-332.

[19] 张博，许一，徐滨士 . 亚微米颗粒化凹凸棒石粉体对 45♯ 钢的减摩与自修复 [J]. 摩擦学学报，2012，3（32）：291-300.

[20] Zhang B, Xu B, Xu Y, et al. Effect of magnesium silicate hydroxide on the friction behaviour of ductile cast iron pair and the self-repairing performance [J]. Journal of the Chinese Silicate Society，2009，37（4）：492-496.

[21] Nan F, Xu Y, Xu B, et al. Effect of natural attapulgite powders as lubrication additive on the friction and wear performance of a steel tribo-pair [J]. Applied Surface Science，2014，307：86-91.

[22] Bo Z, Binshi X, Yi X, et al. Research on tribological characteristics and worn surface self-repairing performance of nano attapulgite powders used in lubricant oil as addictive [J]. Rare Metal Materials and Engineering，2012（S1）：336-340.

[23] 王利民，许一，高飞，等 . 凹凸棒石黏土作为润滑油添加剂的摩擦学性能 [J]. 中国表面工程，2012，25（3）：92-97.

[24] 尹艳丽，于鹤龙，王红美，等 . 不同结构层状硅酸盐矿物作为润滑油添加剂的摩擦学性能 [J]. 硅酸盐学报，2020，48（2）：299-308.

[25] 张博，许一，李晓英，等 . 纳米凹凸棒石对磨损表面的摩擦改性 [J]. 粉末冶金材料科学与工程，2012，17（4）：514-521.

[26] 张保森，徐滨士，张博，等 . 纳米凹土纤维对碳钢摩擦副的润滑及原位修复效应 [J]. 功能材料，2014，45（1）：1044-1048.

第 **4** 章　固体润滑剂对凹凸棒石矿物润滑脂摩擦学性能的影响

4.1　概述

固体润滑剂是一类为防止相互作用的摩擦表面发生严重损伤并减少其摩擦和磨损，而在摩擦表面使用的粉末状或薄膜状固体材料。固体润滑剂的使用温度范围宽，承载能力强、防黏滑性好，抗高真空、耐辐射及防腐等性能优异，是一类应用广泛的特殊润滑材料。为改善润滑脂在高温、重载等苛刻工况下的润滑与极压抗磨性能，往往向其中添加非油溶性的固体润滑剂粉末。这类固体润滑剂粉末具有多重作用，尤其在高温、冲击或振动工况以及高载荷时，能够显著提升润滑脂的减摩抗磨性能，起到进一步降低摩擦、减少磨损的作用，从而防止机械零部件异常磨损、过热甚至卡咬，避免设备故障或重大事故。

常用的固体润滑剂主要有层状结构的二硫化钼、二硫化钨、石墨烯、石墨、云母等无机物颗粒[1-3]，氟化钙、氟化钡、氧化铅等非层状结构金属氟化物或氧化物，铅、镉、巴氏合金等软金属，以及聚四氟乙烯、聚亚胺等有机高分子化合物等[4-9]。其中，石墨烯是一种新型的单层碳纳米材料，是当前物理、化学和材料领域的研究热点。相关研究表明，将石墨烯应用于润滑油添加剂，可以获得极其稳定的低摩擦系数，提高润滑油的抗磨性能和承载能力[10,11]。而二硫化钼和二硫化钨作为两种常用的固体润滑剂，具有密排六方的层状结构，用于固体润滑或润滑油（脂）添加剂均表现出良好的减摩抗磨性能。此外，以上固体润滑剂的热稳定性和抗辐射性均较好，不仅适用于通常润滑条件，而且可以应用于高低温、高载荷、高真空和高辐射性等特殊的工况条件[12-17]，是理想的润滑油（脂）添加剂材料。

固体润滑剂的加入会影响凹凸棒石矿物与摩擦表面的相互作用，从而进一步改善凹凸棒石矿物润滑脂的减摩抗磨性能。本章主要介绍石墨烯、二硫化钼和二硫化钨 3 种典型固体润滑剂对凹凸棒石矿物润滑脂摩擦学性能的影响，并结合磨损表面系统的分析表征，介绍了含固体润滑剂矿物润滑脂的减摩抗磨机理。

4.2　石墨烯对矿物润滑脂摩擦学性能的影响

4.2.1　润滑脂制备及摩擦学试验

按照 3.2 节所述工艺制备以十八烷基三甲基氯化铵（CTAB）改性凹凸棒石粉体为稠化剂的矿物润滑脂，以 PAO40 为基础油，在图 3-2 所示第二阶段将固体润滑剂粉体分散在基础油中，经图中所示分散、搅拌、研磨工艺制备得到添加固体润滑剂的凹凸棒石矿物润滑脂。所用石墨烯片层数 1～3 层，二硫化钼和二硫化钨粉体平均粒径 300～500nm，3 种固体润滑剂均为市售产品。

采用 Optimal SRV4 摩擦磨损试验机评价润滑脂的摩擦学性能。摩擦副接触方式为球/盘接触，上试样选用 AISI 52100 标准钢球，尺寸 $\phi10mm$，硬度为 HRC 65～67；下试样为 AISI 1045 标准圆盘，尺寸为 $\phi24mm\times7.9mm$，硬度为 HRC 27～31。上试样和下试样的成分如表 4-1 所示。试验过程中下试样保持静止而上试样做周期性往复运动。摩擦学试验时间 60min，往复滑动行程 1mm，试验温度 50℃，具体试验内容包括：

① 固体润滑剂添加量的影响。试验过程中保持载荷 100N，滑动频率 30Hz。

② 载荷对润滑脂摩擦学性能的影响。载荷分别设置为 25N、50N、100N 和 200N，滑动频率为 30Hz。

③ 频率对润滑脂摩擦学性能的影响。滑动频率分别设置为 10Hz、30Hz 和 50Hz，载荷为 100N。

④ 温度对润滑脂摩擦学性能的影响。试验过程中温度分别设置为 50℃、100℃ 和 200℃；载荷为 100N，往复滑动频率为 30Hz。试验结束后，使用丙酮对下试样进行清洗，并采用奥林巴斯公司 LEXT OLS4000 型激光共聚焦显微镜测量磨痕的磨损体积，取 3 次平行试验结果的平均值与载荷及滑动总行程的比值计算磨损率。

表 4-1　试样的主要化学成分

试样	组成/%						
	C	Si	Mn	Cr	S	P	Fe
AISI 52100	0.95～1.05	0.15～0.35	0.20～0.40	1.30～1.65	<0.027	<0.027	—
AISI 1045	0.40～0.50	0.15～0.40	0.50～0.80	<0.25	<0.035	<0.035	—

4.2.2　石墨烯含量对矿物润滑脂摩擦学性能的影响

图 4-1 所示为添加不同含量石墨烯前后矿物润滑脂润滑下的摩擦系数及材料

磨损率变化。可以看出，添加石墨烯后润滑脂的减摩抗磨性能得到明显改善，随石墨烯添加量增加矿物润滑脂的摩擦系数及其润滑下材料磨损率呈先降低后升高的变化，且在石墨烯添加量为 1.0% 时达到最小值，润滑脂表现出最佳的减摩抗磨性能，平均摩擦系数和磨损率与纯矿物润滑脂相比分别降低约 9.72% 和 44.23%。摩擦过程中，石墨烯在磨损表面形成物理吸附膜，借助其优异的力学性能和独特的层状结构实现对金属表面的减摩抗磨作用。石墨烯添加量较少时，未能充分发挥其润滑性能，而添加量过大时则会限制凹凸棒石矿物粉体在磨损表面的吸附，同时层叠或聚集的石墨烯颗粒使润滑油膜的强度和连续性变差，从而不利于降低摩擦和减少磨损[18,19]。

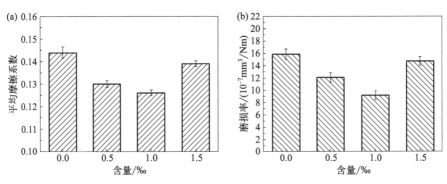

图 4-1　石墨烯添加量对润滑脂摩擦学性能的影响

（a）平均摩擦系数；（b）磨损率

4.2.3　载荷对含石墨烯矿物润滑脂摩擦学性能的影响

图 4-2 为纯矿物润滑脂和含 1.0% 石墨烯润滑脂润滑时的摩擦系数及材料磨损率随载荷的变化。不同载荷下，添加石墨烯均可显著降低矿物润滑脂的摩擦系数及其润滑下的材料磨损率。随着载荷的增大，石墨烯对矿物润滑脂减摩抗磨性能的改善作用愈发显著，石墨烯可以提高矿物润滑脂的承载能力，使含石墨烯润滑脂能够适应更广的载荷范围。

4.2.4　滑动频率对含石墨烯矿物润滑脂摩擦学性能的影响

图 4-3 所示为纯矿物润滑脂和含 1.0% 石墨烯润滑脂润滑时的摩擦系数及材料磨损率随往复滑动频率的变化。可以看出，添加石墨烯前后矿物润滑脂润滑下的摩擦系数及材料磨损率均随滑动频率的增加而逐渐降低。不同滑动频率条件下，添加石墨烯可以显著改善矿物润滑脂的减摩抗磨性能，润滑脂润滑下的摩擦

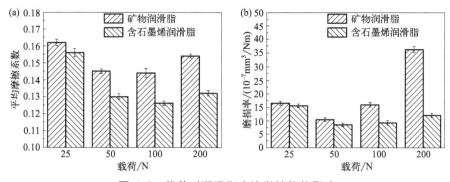

图 4-2 载荷对润滑脂摩擦学性能的影响

（a）平均摩擦系数；（b）磨损率

系数及材料磨损率明显降低。随着频率的增大，石墨烯对润滑脂减摩性能的提升幅度不断减小。相比于 10Hz 和 50Hz，滑动频率为 30Hz 时石墨烯对矿物润滑脂抗磨性能的改善效果最显著。

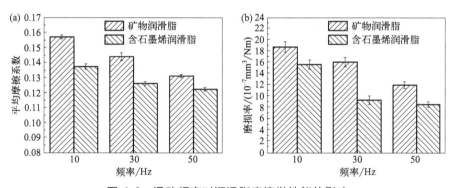

图 4-3 滑动频率对润滑脂摩擦学性能的影响

（a）平均摩擦系数；（b）磨损率

4.2.5 温度对含石墨烯矿物润滑脂摩擦学性能的影响

图 4-4 所示为纯矿物润滑脂和含 1.0％石墨烯润滑脂润滑时的摩擦系数及材料磨损率随试验温度的变化。50℃和 200℃时含石墨烯矿物润滑脂润滑下的平均摩擦系数和材料磨损率基本相同，均低于相同条件下纯矿物润滑脂；100℃时含石墨烯矿物润滑脂的平均摩擦系数和磨损率明显升高，甚至高于纯矿物润滑脂，表明石墨烯的加入不利于改善此温度下矿物润滑脂的摩擦学性能。总体上，200℃时添加石墨烯对于改善矿物润滑脂减摩抗磨性能的作用最显著。

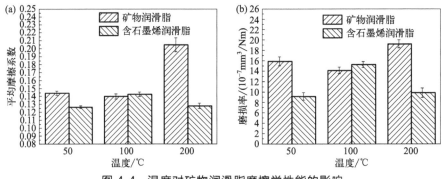

图 4-4　温度对矿物润滑脂摩擦学性能的影响

（a）平均摩擦系数；（b）磨损率

　　图 4-5 所示为纯矿物润滑脂和含 1.0％石墨烯润滑脂在 50℃ 和 200℃ 润滑时的摩擦系数随时间变化的关系曲线。50℃ 条件时，添加石墨烯前后矿物润滑脂的摩擦系数随时间变化规律基本相同。相对而言，含石墨烯润滑脂的摩擦系数更加平稳，随时间变化的波动较小，较纯矿物润滑脂减少约 16.7％。200℃ 润滑条件时，纯矿物润滑脂摩擦系数波动幅度更大，在摩擦初始阶段达到 0.34 以上；而含石墨烯润滑脂润滑时，整个试验阶段的摩擦系数变化比较平稳，初始阶段的摩擦系数在 0.11～0.14 轻微波动，稳定后则低于 0.14。

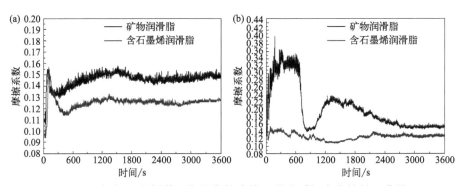

图 4-5　添加石墨烯前后润滑脂的摩擦系数随时间变化的关系曲线

（a）50℃；（b）200℃

4.3　二硫化钼对矿物润滑脂摩擦学性能的影响

4.3.1　MoS_2 含量对矿物润滑脂摩擦学性能的影响

　　图 4-6 所示为添加不同含量 MoS_2 对矿物润滑脂润滑下平均摩擦系数和材料

磨损率的影响。由图可知，随着 MoS_2 添加量的不断增大，矿物润滑脂润滑下的摩擦系数与材料磨损率不断降低，在添加量为 3.0％时达到最小值，较未添加 MoS_2 润滑脂分别降低 19.44％和 43.75％。之后，随着添加量的升高，矿物润滑脂的减摩抗磨性能略有下降，因此综合考虑润滑脂的稠度和性能因素，矿物润滑脂中 MoS_2 的添加量为 3.0％。

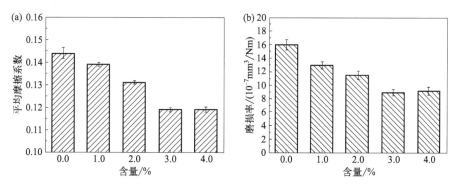

图 4-6　MoS_2 添加量对矿物润滑脂摩擦学性能的影响

（a）平均摩擦系数；（b）材料磨损率

4.3.2　载荷对含 MoS_2 矿物润滑脂摩擦学性能的影响

图 4-7 所示为纯矿物润滑脂和含 3.0％MoS_2 矿物润滑脂润滑下摩擦系数和材料磨损率随载荷的变化。可以看出，添加 MoS_2 可以改善不同载荷下矿物润滑脂的减摩抗磨性能。不同润滑脂润滑下的平均摩擦系数和材料磨损率随载荷增大出现先减小后增加的变化趋势。含 MoS_2 润滑脂在 200N 润滑时的摩擦系数和材料磨损率较纯矿物润滑脂分别降低约 18.83％和 63.89％，此时 MoS_2 改善润滑脂摩擦学性能的作用最显著，这与高载形成的边界润滑条件有利于固体润滑剂沉

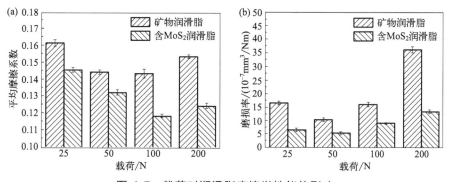

图 4-7　载荷对润滑脂摩擦学性能的影响

（a）平均摩擦系数；（b）磨损率

积及其与摩擦表面和凹凸棒石矿物相互作用有关。

4.3.3 滑动频率对含 MoS₂ 矿物润滑脂摩擦学性能的影响

图 4-8 所示为纯矿物润滑脂和含 3.0％ MoS₂ 矿物润滑脂润滑下摩擦系数和材料磨损率随滑动频率的变化。可以看出，随着滑动频率的增加，添加 MoS₂ 前后矿物润滑脂润滑下的摩擦系数和材料磨损率不断降低，MoS₂ 对矿物润滑脂减摩抗磨性能的改善作用愈发显著。滑动频率为 50Hz 时，含 3.0％ MoS₂ 矿物润滑脂润滑下摩擦系数和材料磨损率与纯矿物润滑脂润滑下相比分别降低 19.08％和 63.03％，这可能与较高滑动速度带来的高摩擦热有利于 MoS₂ 在摩擦表面的沉积并促进摩擦化学反应进程有关。

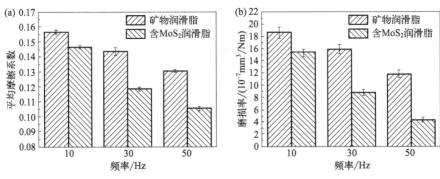

图 4-8 滑动频率对润滑脂摩擦学性能的影响

（a）摩擦系数；（b）磨损率

4.3.4 温度对含 MoS₂ 矿物润滑脂摩擦学性能的影响

图 4-9 所示为纯矿物润滑脂和含 3.0％ MoS₂ 矿物润滑脂润滑下摩擦系数和材料磨损率随温度的变化。添加 MoS₂ 前后矿物润滑脂润滑下的摩擦系数及磨损率随温度升高先降低后增大，矿物润滑脂中添加 3.0％ MoS₂ 能够在不同温度下明显改善润滑脂的减摩抗磨性能。与纯矿物润滑脂相比，50℃、100℃和 200℃时含 MoS₂ 矿物润滑脂润滑下的摩擦系数与材料磨损率分别降低约 17.24％、21.42％和 44.39％，以及 43.75％、42.55％和 37.17％。

图 4-10 所示为纯矿物润滑脂和含 3.0％ MoS₂ 矿物润滑脂在 50℃和 200℃润滑时的摩擦系数随时间变化的关系曲线。含 MoS₂ 润滑脂在 50℃润滑时的摩擦系数经初始阶段短暂磨合后迅速下降至 0.10 左右，随后缓慢上升并在试验后期稳定在约 0.13，整个摩擦过程中一直低于纯矿物润滑脂。200℃时，含 MoS₂ 矿

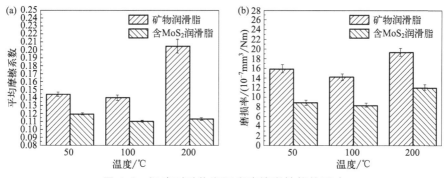

图 4-9　温度对矿物润滑脂摩擦学性能的影响

（a）摩擦系数；（b）材料磨损率

物润滑脂的摩擦系数随时间变化趋势与 50℃时基本一致，在初始 400s 内迅速降至约 0.08，随后在 0.08～0.10 波动，约 1200s 之后缓慢上升，并在约 3000s 后接近纯矿物润滑脂。

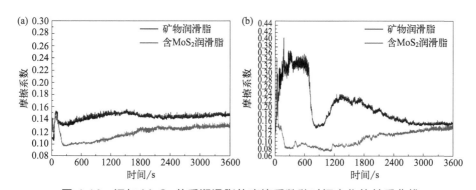

图 4-10　添加 MoS_2 前后润滑脂的摩擦系数随时间变化的关系曲线

（a）50℃；（b）200℃

4.4　二硫化钨对矿物润滑脂摩擦学性能的影响

4.4.1　WS_2 含量对矿物润滑脂摩擦学性能的影响

图 4-11 所示为添加不同含量 WS_2 前后矿物润滑脂润滑下的摩擦系数及材料磨损率的变化。由图可知，添加 WS_2 后矿物润滑脂的摩擦系数随 WS_2 含量升高不断降低，而材料磨损率则先降低后增加。考虑到 WS_2 添加量为 3.0% 和 4.0% 时，矿物润滑脂的平均摩擦系数相近，而添加量为 3.0% 时材料磨损率最小。因

此,为获得最佳的摩擦学性能,矿物润滑脂中 WS_2 的最佳添加量为 3.0%,此时矿物润滑脂润滑下的摩擦系数和材料磨损率分别降低 29.23% 和 62.49%。

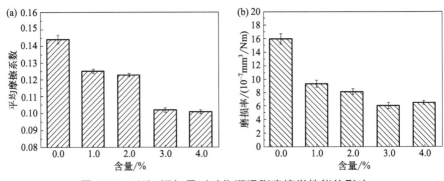

图 4-11　WS_2 添加量对矿物润滑脂摩擦学性能的影响

（a）平均摩擦系数；（b）材料磨损率

4.4.2　载荷对含 WS_2 矿物润滑脂摩擦学性能的影响

图 4-12 所示为纯矿物润滑脂和含 3.0% WS_2 矿物润滑脂润滑下摩擦系数和材料磨损率随载荷的变化。添加 WS_2 前后矿物润滑脂润滑下的平均摩擦系数和磨损率均随载荷的增大呈先减小后升高的变化趋势,并分别在载荷 100N 和 50N 时达到最小值。不同载荷下 WS_2 均能改善润滑脂的减摩抗磨性能,载荷为 25N、50N、100N 和 200N 时含 WS_2 矿物润滑脂润滑下摩擦系数分别较纯矿物润滑脂降低约 1.91%、26.2%、29.66% 和 15.48%,材料磨损率分别降低约 8.95%、19.56%、56.25% 和 62.76%。总体上,高载荷有利于 WS_2 进一步改善矿物润滑脂的减摩抗磨性能。

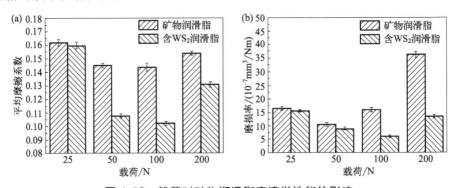

图 4-12　载荷对矿物润滑脂摩擦学性能的影响

（a）平均摩擦系数；（b）材料磨损率

4.4.3　滑动频率对含 WS₂ 矿物润滑脂摩擦学性能的影响

图 4-13 为纯矿物润滑脂和含 3.0％WS₂ 矿物润滑脂润滑下摩擦系数和材料磨损率随滑动频率的变化。与纯矿物润滑脂润滑下的摩擦系数与材料磨损率随滑动频率增大而不断降低不同，添加 WS₂ 后润滑脂润滑下的摩擦系数与材料磨损率先降低后略有升高，在频率为 30Hz 时达到最小值。频率 30Hz 时 WS₂ 改善矿物润滑脂摩擦学性能的作用最显著，此时的摩擦系数及材料磨损率较纯矿物润滑脂分别降低约 29.65％和 62.53％。

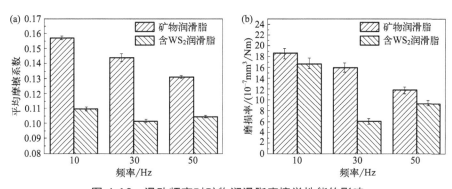

图 4-13　滑动频率对矿物润滑脂摩擦学性能的影响

（a）平均摩擦系数；（b）材料磨损率

4.4.4　温度对含 WS₂ 矿物润滑脂摩擦学性能的影响

图 4-14 所示为纯矿物润滑脂和含 3.0％WS₂ 矿物润滑脂润滑下摩擦系数和材料磨损率随温度的变化。含 WS₂ 矿物润滑脂润滑下的平均摩擦系数和材料磨损率随温度升高不断增大，WS₂ 在 3 种温度条件下均能改善润滑脂的减摩抗磨性能，且在 50℃时效果最明显，这与添加石墨烯和 MoS₂ 对不同温度下矿物润滑脂摩擦学性能的影响不同。

图 4-15 所示为纯矿物润滑脂和含 3.0％WS₂ 矿物润滑脂在 50℃和 200℃润滑时的摩擦系数随时间变化的关系曲线。含 WS₂ 润滑脂在 50℃润滑条件下，约 200s 磨合后摩擦系数降至 0.09 左右，随后缓慢增大，摩擦过程结束时约为 0.11，远低于纯矿物润滑脂。200℃时，含 WS₂ 润滑脂在试验阶段的摩擦系数同样波动较大，但在约 600s 后基本趋于稳定，约 2400s 之后，摩擦系数出现波动变大并缓慢增大，且此阶段摩擦系数略高于纯矿物润滑脂。

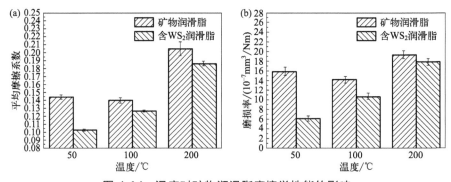

图 4-14　温度对矿物润滑脂摩擦学性能的影响

（a）摩擦系数；（b）材料磨损率

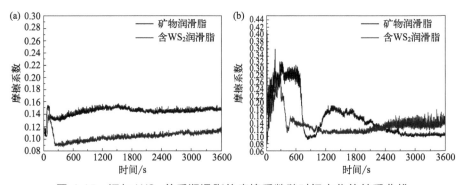

图 4-15　添加 WS₂ 前后润滑脂的摩擦系数随时间变化的关系曲线

（a）50℃；（b）200℃

4.5　磨损表/界面分析

4.5.1　磨损表面微观形貌与元素组成

图 4-16 所示为纯矿物润滑脂和含固体润滑剂矿物润滑脂润滑下磨痕三维形貌照片（试验条件 100N/30Hz/50℃）。与纯矿物基础脂相比，含固体润滑剂矿物润滑脂润滑时试样磨痕宽度及深度均明显减小，其中，含 WS₂ 润滑脂润滑下的磨痕尺寸最小。同时，在固体润滑剂的影响下，磨损表面的表面粗糙度显著降低，划痕的宽度与深度较小。

图 4-17 所示为纯矿物润滑脂和含固体润滑剂矿物润滑脂在 50℃润滑下磨损表面形貌的 SEM 照片（试验条件 100N/30Hz/50℃）。从磨痕全貌照片可以看

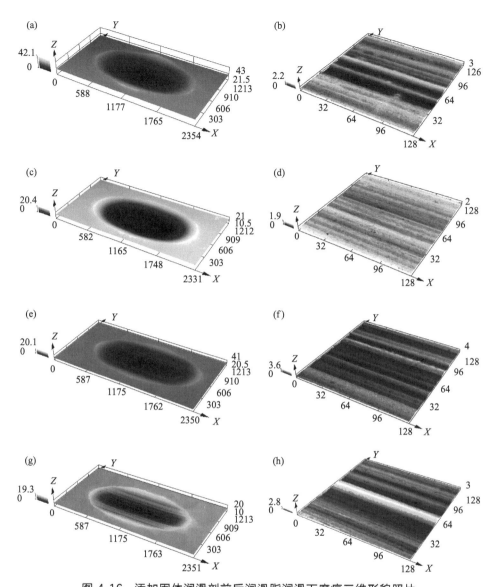

图 4-16　添加固体润滑剂前后润滑脂润滑下磨痕三维形貌照片

（a）、（b）纯矿物润滑脂；（c）、（d）含石墨烯润滑脂；（e）、（f）含 MoS$_2$ 润滑脂；

（g）、（h）含 WS$_2$ 润滑脂

出，在含 3 种固体润滑剂的润滑脂润滑时，SRV4 试验机下试样的磨痕宽度较纯
矿物润滑脂润滑时明显减小，与不同润滑条件下材料磨损率测试结果相一致。由
高倍 SEM 照片可知，在 3 种固体润滑剂的作用下，磨损表面明显变得更加光滑
平整，相比纯矿物润滑脂润滑下沿滑动方向的划痕深度变浅，观察到大量吸附的
磨屑颗粒。在含石墨烯润滑脂润滑下，磨损表面可见一些较浅的剥落坑；含

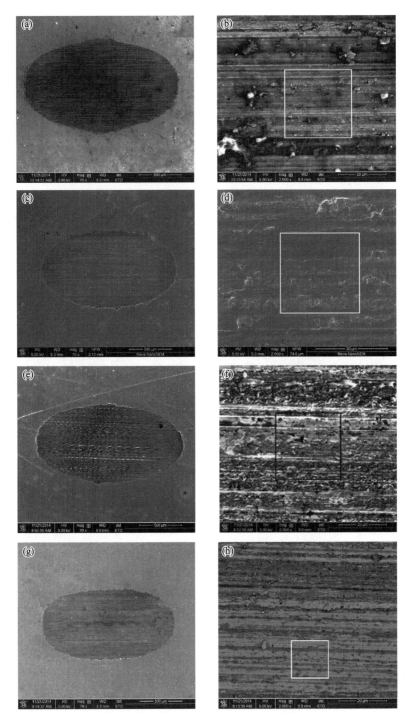

图 4-17　添加固体润滑剂前后矿物润滑脂 50℃润滑下磨损表面形貌的 SEM 照片

（a）、（b）纯矿物润滑脂；（c）、（d）含石墨烯润滑脂；（e）、（f）含 MoS_2 润滑脂；

（g）、（h）含 WS_2 润滑脂

MoS_2 和 WS_2 润滑脂润滑下，磨损表面仅见少量沿滑动方向平行分布的浅划痕和明显的微孔状特征区域。实际上，包括纯矿物润滑脂和含石墨烯润滑脂润滑下的磨损表面在内，以凹凸棒石矿物粉体为稠化剂制备的上述润滑脂润滑下的磨损表面均分布大量以微孔和颗粒镶嵌物为特征的微区，这种形貌特征常见于含层状硅酸盐矿物润滑油或润滑脂润滑下的磨损表面，通常被认为是层状硅酸盐发生脱水反应并与摩擦表面发生摩擦化学反应，因生成 SiO_2、Al_2O_3 等硬质相颗粒镶嵌磨损表面而形成，是层状硅酸盐在磨损表面形成自修复层的重要形貌特征之一[20-22]。

图 4-18 所示为纯矿物润滑脂和含固体润滑剂矿物润滑脂在 50℃润滑下磨损表面选定区域的 EDS 分析谱图（测试区域为图 4-17 所示线框内磨损表面）。由图可知，含石墨烯润滑脂润滑时磨损表面的主要元素与纯矿物润滑脂润滑下基本一致，主要包括 Fe、C、O、Si、Mg 和 Al 等元素，其中，O、Si、Mg 和 Al 元素含量同基础脂润滑时相比有所增高，而 C 元素则略有下降。这表明摩擦过程中石墨烯在一定程度上促进了凹凸棒石矿物的摩擦化学反应进程，但可能未在摩

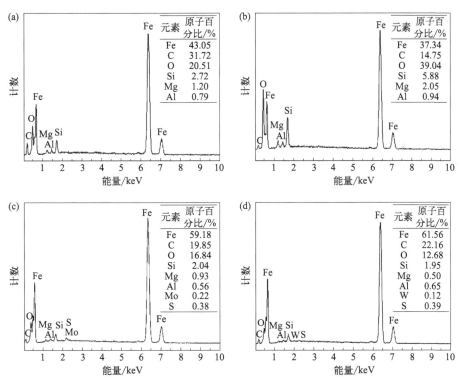

图 4-18　添加固体润滑剂前后矿物润滑脂 50℃润滑下磨损表面典型区域的
EDS 谱图和元素含量

（a）基础脂；（b）含石墨烯的润滑脂；（c）含 MoS_2 的润滑脂；（d）含 WS_2 的润滑脂

擦表面形成沉积膜，而是借助其自身层状结构及优异的力学性能起到改善润滑和提高承载能力的作用。同时，也存在另一种可能，石墨烯抑制了润滑脂中基础油的裂解，降低了磨损表面含 C 有机物的吸附[23]。含 MoS_2 润滑脂润滑时，磨损表面可检测到 Fe、C、O、Si、Mg、Al、Mo、S 等元素，说明部分 MoS_2 颗粒已吸附并沉积到磨损表面。含 WS_2 润滑脂润滑时，磨损表面则含有 Fe、C、O、Si、Mg、Al、W、S 等元素，同样表明 WS_2 颗粒沉积到了磨损表面。需要指出的是，含 MoS_2 和 WS_2 润滑脂润滑下磨损表面的 O、Si、Mg、Al 含量较纯矿物润滑脂润滑时有所降低，这与 MoS_2 和 WS_2 沉积引起固体润滑剂与凹凸棒石矿物粉体在磨损表面竞争性吸附，导致参与摩擦化学反应的凹凸棒石粉体数量减少密切相关。

图 4-19 所示为添加固体润滑剂前后矿物润滑脂 200℃润滑下磨损表面形貌的 SEM 照片（试验条件 100N/30Hz/200℃）。高温作用下，不同润滑脂润滑下的磨痕表面沿滑动摩擦方向的大面积微坑和填充细小镶嵌物的区域更加明显，且尺寸大于 50℃时不同润滑脂润滑下磨痕。相比于纯矿物润滑脂，含固体润滑剂矿物润滑脂润滑时试样磨痕尺寸明显减小。含石墨烯润滑脂润滑时，磨损表面覆盖着灰色不连续膜状物质，局部区域比较光滑平整，而其他区域则分布凹凸不平的微坑。在 MoS_2 和 WS_2 润滑脂润滑时，磨损表面则被不规则分布的亮白色微孔和颗粒镶嵌物，以及暗黑色碾压状表面膜覆盖。

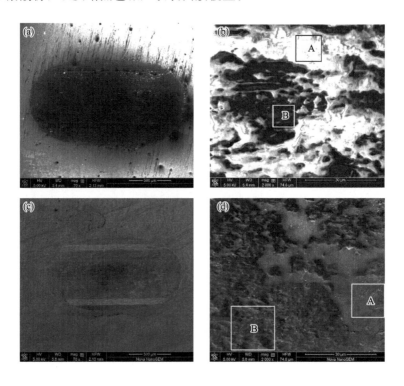

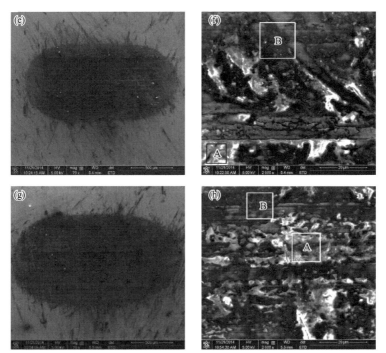

图 4-19 添加固体润滑剂前后矿物润滑脂 200℃润滑下磨损表面形貌的 SEM 照片

（a）、（b）纯矿物润滑脂；（c）、（d）含石墨烯润滑脂；（e）、（f）含 MoS₂ 润滑脂；

（g）、（h）含 WS₂ 润滑脂

对图 4-19 所示的磨损表面线框内不同微区进行 EDS 分析，得到不同润滑脂在 200℃润滑下磨损表面典型区域的 EDS 图谱，结果如图 4-20 所示。含石墨烯润滑脂润滑时，磨损表面主要含有 Fe、C、O、Si、Mg、Al 元素，光滑区域［图 4-19(d) 区域 A］和粗糙区域［图 4-19(d) 区域 B］的各元素含量相差不大，说明尽管光滑区域与粗糙区域形貌差别较大，但二者成分基本一致。此外，同基础脂润滑时的亮白色区域相比，磨损表面的 C 元素含量明显减少，这与 50℃润滑时磨损表面元素含量分析结果相近，可能的原因是石墨烯阻碍了润滑油的裂解吸附，或自身在摩擦过程中并未沉积在磨损表面所致。含 MoS₂ 润滑脂润滑时，磨损表面除 Fe、C、O、Si、Mg 和 Al 元素外，同样发现了 Mo 和 S 元素，且 Mo、S 元素含量较 50℃时明显升高，表明高温能够促进 MoS₂ 在摩擦表面的吸附沉积。含 WS₂ 润滑脂润滑时，磨损表面沉积的 W、S 元素含量同样升高，但与含 MoS₂ 润滑脂相似，磨损表面 O 和 Si 元素含量同纯矿物润滑脂润滑下相比明显减少，进一步说明 MoS₂ 和 WS₂ 在磨损表面的沉积作用，与凹凸棒石矿物粉体与摩擦表面之间相互作用形成了竞争。

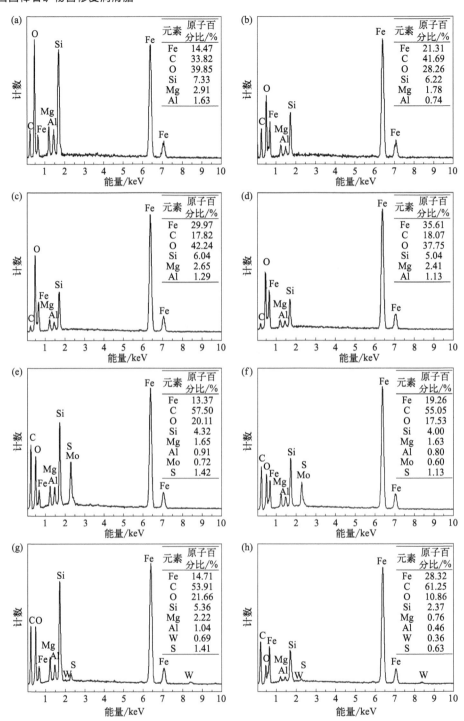

图 4-20　添加固体润滑剂前后矿物润滑脂 200℃润滑下磨损表面

典型区域的 EDS 谱图和元素含量

（a）（b）基础脂；（c）（d）含石墨烯的润滑脂；（e）（f）含 MoS_2 的润滑脂；（g）（h）含 WS_2 的润滑脂

4.5.2　磨损表面成分

　　为确定磨损表面成分，探讨固体润滑剂对矿物润滑脂的减摩抗磨机理的影响，对不同润滑脂在 50℃和 200℃润滑下的磨损表面特征元素价态进行了 XPS 分析。图 4-21 所示为添加石墨烯前后矿物润滑脂在 50℃润滑下的磨损表面特征元素 XPS 谱图。由图可知，含石墨烯润滑脂润滑下，$Fe2p_{3/2}$ 的结构谱与纯矿物润滑脂润滑时基本相同，位于 706.9eV、708.1eV、709.2eV、710.3eV 和 711.5eV 的各子峰分别对应于 Fe、Fe_3C、FeO、Fe_3O_4 和 FeOOH[24-27]，各物质在磨损表面的相对含量之比约为 32：19：15：18：16，生成的铁的化合物（FeO、Fe_3O_4 和 FeOOH）的相对总含量约为 49.0%，略高于纯矿物润滑脂润滑时。两种润滑脂润滑下，$O1s$ 的谱图上各子峰结合能分别为 530.2eV、

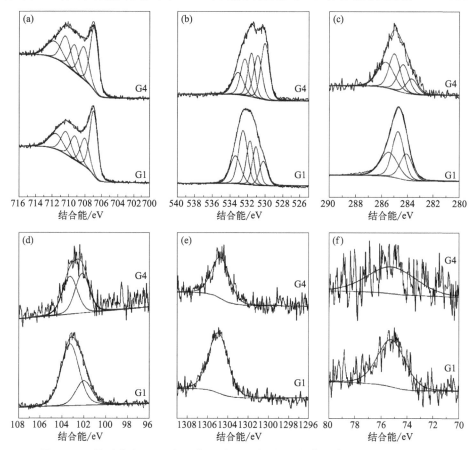

图 4-21　纯矿物润滑脂（G1）和含石墨烯润滑脂（G4）在 50℃润滑时的

磨损表面主要元素 XPS 谱图

（a）$Fe2p_{3/2}$；（b）$O1s$；（c）$C1s$；（d）$Si2p$；（e）$Mg1s$；（f）$Al2p$

530.8eV、531.7eV、532.5eV 和 533.5eV，归属于铁的氧化物（Fe-O）、铝的氧化物（Al-O）、羟基氧化物（—OOH）、硅酸盐、硅的氧化物（Si-O）以及有机物[24-30]。含石墨烯润滑脂润滑时，C1s 的结构谱图可以拟合为 Fe_3C（283.9eV）、石墨（284.4eV）、污染碳（284.8eV）和有机物（285.5eV）等子峰[31,32]，其中石墨的相对含量约为 23.5%，而基础脂润滑时则未见石墨（—C≡C—）。两种润滑脂润滑下，Si2p 的结构谱均可以拟合为 SiO_x（102.0eV）和 SiO_2（103.3eV）[24,29]；Mg1s 的结合能都位于 1304.5eV，对应凹凸棒石硅酸盐[24]；Al2p 的结合能均位于 75.2eV，对应 Al_2O_3[24,30]。从 XPS 分析结果可知，在含石墨烯润滑脂润滑下，磨损表面在凹凸棒石的作用下生成了由 Fe、Fe_3C、铁的氧化物、氧化铝、硅的氧化物、凹凸棒石和有机物构成的自修复层。此外，石墨烯能够吸附沉积到摩擦接触区域，起到减摩抗磨作用。

图 4-22 所示为添加石墨烯前后润滑脂在 200℃润滑下的磨损表面特征元素 XPS 谱图。含石墨烯润滑脂润滑下，磨损表面 $Fe2p_{3/2}$ 的结构谱可拟合为 Fe（706.9eV）、含铁有机物（708.6eV）、FeO（709.6eV）、Fe_2O_3（710.8eV）和 FeOOH（711.5eV）等子峰[24-28]，其中铁的化合物相对含量约为 75.0%，相比于 50℃润滑时明显升高，同样高于纯矿物润滑脂 200℃润滑时磨损表面的物质含量；O1s 谱图可拟合为 530.0eV、530.8eV、531.7eV、532.5eV 和 533.1eV，对应铁的氧化物、铝的氧化物、羟基氧化物、硅酸盐、硅的氧化物以及有机物等物质[24-30]；C1s 的结构谱图可拟合为石墨烯（284.4eV）、污染碳（284.8eV）和有机物（285.5eV）等子峰[31,32]，其中石墨烯含量为 25.8%，较 50℃润滑时略有升高；Si2p 结构谱可拟合成 SiO_2（103.0eV），而纯矿物润滑脂润滑下的磨损表面还含有 SiO_x[24,29]；Mg1s 的结构谱可拟合为凹凸棒石结构的硅酸盐（1305.5eV）[24]，而 Al2p 结构谱则可拟合为 Al_2O_3（75.2eV）[24,30]。可以看出，含石墨烯润滑脂在 200℃润滑下，磨损表面生成的自修复层主要成分与 50℃润滑时相比无变化，但铁的氧化物和石墨含量明显升高，表明高温不仅有利于蛇纹石释放活性氧并与摩擦表面 Fe 元素发生摩擦化学反应，同时有助于石墨烯在摩擦表面的沉积[32]。

图 4-23 所示为添加 MoS_2 前后矿物润滑脂在 50℃润滑下的磨损表面特征元素 XPS 谱图。含 MoS_2 润滑脂润滑下，磨损表面 $Fe2p_{3/2}$ 的结构谱分峰拟合结果与纯矿物润滑脂润滑下相同，结合能为 706.9eV、708.1eV、709.2eV、710.3eV 和 711.5eV 的子峰分别对应 Fe、Fe_3C、FeO、Fe_3O_4 和 FeOOH[24-27]，铁的化合物（FeO、Fe_3O_4 和 FeOOH）的相对含量约为 37.0%，略低于纯矿物

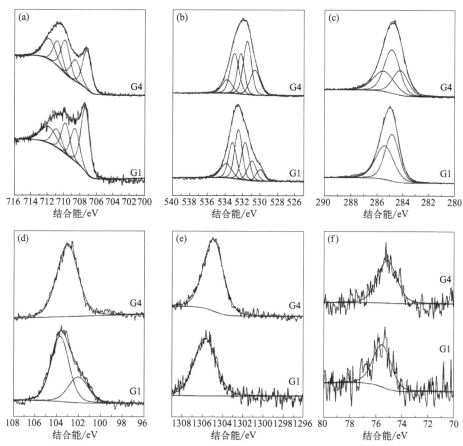

图 4-22 纯矿物润滑脂（G1）和含石墨烯润滑脂（G4）在 200℃
润滑时的磨损表面主要元素 XPS 谱图

(a) Fe2$p_{3/2}$；(b) O1s；(c) C1s；(d) Si2p；(e) Mg1s；(f) Al2p

润滑脂润滑下磨损表面；O1s 的谱图上的各子峰对应铁的氧化物（Fe-O）、铝的氧化物（Al-O）、羟基氧化物（—OOH）、硅酸盐、硅的氧化物（Si-O）以及有机物[24-30]；C1s 的结构谱图均可以拟合为 Fe$_3$C(283.9eV)、污染碳（284.8eV）和有机物（285.5eV）等子峰[32,33]；Si2p 结合能处于 103.3eV，对应 SiO$_2$；Mg1s 结合能分别位于 1304.5eV、1305.5eV，均对应凹凸棒石[24]；Al2p 的结合能位于 75.2eV 和 75.5eV，对应 Al$_2$O$_3$[25,31]；Mo3d 结构谱对应 MoS$_2$ 中 Mo 的 Mo3$d_{5/2}$ 子峰（228.5eV）和 Mo3$d_{3/2}$ 子峰（231.7eV）[24,34]；S2p 的结构谱则可拟合为 161.9eV（S2$p_{3/2}$）和 163.4eV(S2$p_{1/2}$)，对应 MoS$_2$[24,34]。XPS 分析结果证实，矿物润滑脂中 MoS$_2$ 颗粒在 50℃ 条件时吸附并沉积到磨损表面，形成物理沉积膜，与凹凸棒石矿物发生摩擦化学反应形成的铁的氧化物、氧化铝、硅的氧化物、凹凸棒石粉体、二硫化钼和有机物等反应产物共同构筑形成了磨损表面自修复层。

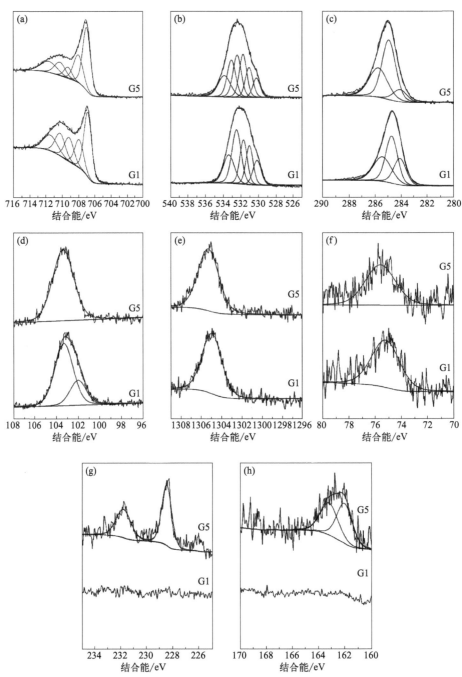

图 4-23　纯矿物润滑脂（G1）和含 MoS₂ 润滑脂（G5）在

50℃润滑下的磨损表面主要元素 XPS 谱图

(a) Fe2$p_{3/2}$；(b) O1s；(c) C1s；(d) Si2p；(e) Mg1s；(f) Al2p；(g) Mo3d；(h) S2p

图 4-24 所示为添加 MoS_2 前后矿物润滑脂在 200℃润滑下的磨损表面特征元素 XPS 谱图。含 MoS_2 润滑脂润滑下，磨损表面 $Fe2p_{3/2}$ 结构谱各子峰分别归

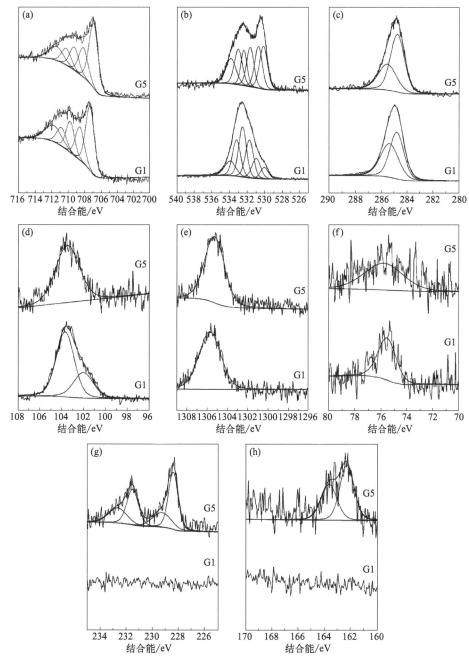

图 4-24　纯矿物润滑脂（G1）和含 MoS_2 润滑脂（G5）在

200℃润滑下的磨损表面主要元素 XPS 谱图

(a) $Fe2p_{3/2}$；(b) $O1s$；(c) $C1s$；(d) $Si2p$；(e) $Mg1s$；(f) $Al2p$；(g) $Mo3d$；(h) $S2p$

属于 Fe、含铁有机物、FeO、Fe_2O_3 和 FeOOH[24-27]，其中铁的化合物相对含量约为 59.0%，远高于该脂 50℃润滑时表面，但低于纯矿物润滑脂 200℃润滑时磨损表面；$O1s$、$C1s$、$Si2p$、$Mg1s$、$Al2p$ 和 $S2p$ 等结构谱的拟合结果与 50℃时磨损表面相同，而 $Mo3d$ 结构谱除可拟合为 MoS_2［$Mo3d_{5/2}$ 子峰（228.5eV）和 $Mo3d_{3/2}$ 子峰（231.7eV）］外，还在 229.3eV 和 232.6eV 分别出现了 MoO_2 中 Mo 的 $Mo3d_{5/2}$ 子峰和 $Mo3d_{3/2}$ 子峰[24,34]，且 MoS_2 含量高于 50℃时的磨损表面。由此可见，高温在促进 MoS_2 颗粒的吸附沉积的同时，还可将部分 MoS_2 氧化为 MoO_2。

图 4-25 所示为添加 WS_2 前后矿物润滑脂在 50℃润滑下的磨损表面特征元素 XPS 谱图。对于含 WS_2 润滑脂润滑下的磨损表面，各主要元素 XPS 谱图分峰拟合结果相近，即磨损表面物质组成基本相同。不同之处在于，铁的化合物的相对总含量约为 40.0%，同纯矿物润滑脂润滑时相比明显降低。同时，XPS 谱图中出现 WS_2 的 $W4f_{7/2}$ 和 $W4f_{5/2}$ 两个子峰，分别位于 32.1eV 和 34.2eV，以及

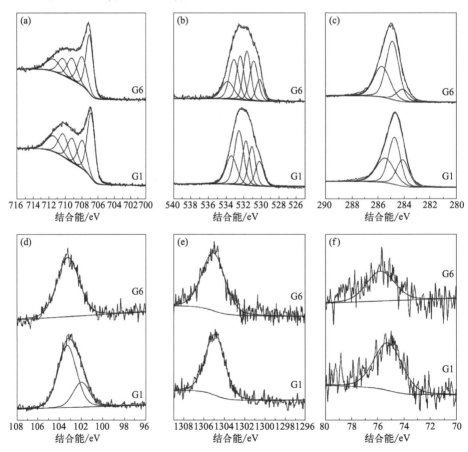

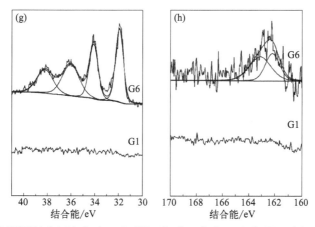

图 4-25　纯矿物润滑脂（G1）和含 WS_2 润滑脂（G6）在 50℃润滑下磨损表面的 XPS 谱图

(a) $Fe2p_{3/2}$；(b) $O1s$；(c) $C1s$；(d) $Si2p$；(e) $Mg1s$；(f) $Al2p$；(g) $W4f$；(h) $S2p$

WO_3 的 $W4f_{7/2}$ 和 $W4f_{5/2}$ 两个子峰，分别位于 36.0eV 和 38.2eV。此外，$S2p$ 结构谱图可拟合为 162.3eV（$S2p_{3/2}$）和 163.4eV（$S2p_{1/2}$），对应于 WS_2[24,35]。结合 EDS 分析结果进一步表明，添加到矿物润滑脂中的 WS_2 颗粒吸附沉积到磨损表面，部分发生氧化生成 WO_3，磨损表面最终生成由 Fe、Fe_3C、铁的氧化物、氧化铝、硅的氧化物、凹凸棒石、二硫化钨、氧化钨和有机物构成的自修复层。

图 4-26 所示为添加 WS_2 前后矿物润滑脂在 200℃润滑下的磨损表面特征元素 XPS 谱图。与含 WS_2 润滑脂在 50℃润滑时不同之处在于，磨损表面 WS_2 与 WO_3 的相对含量之比约为 40：60，WO_3 的含量较 50℃润滑时明显增高，说明高温促进了 WS_2 的氧化。

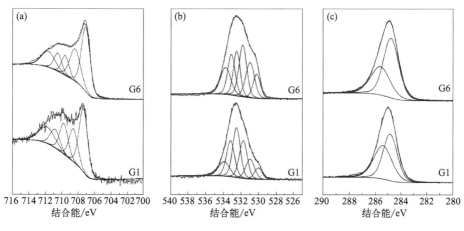

图 4-26

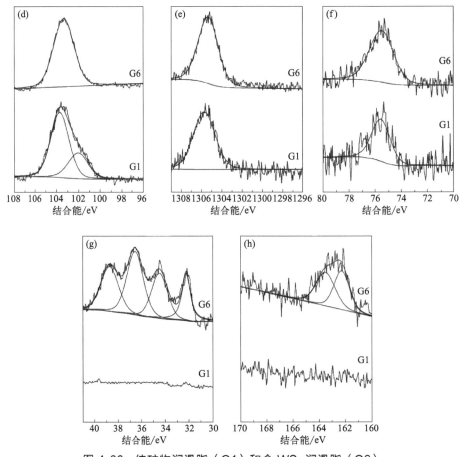

图 4-26　纯矿物润滑脂（G1）和含 WS$_2$ 润滑脂（G6）
在 200℃ 润滑下磨损表面主要元素的 XPS 谱图

(a) Fe2$p_{3/2}$；(b) O1s；(c) C1s；(d) Si2p；(e) Mg1s；(f) Al2p；(g) W4f；(h) S2p

4.5.3　磨损表面微观力学性能

图 4-27 和表 4-2 所示为摩擦副基体材料与不同润滑脂润滑下的磨损表面微观力学性能测试结果。可以看出，含石墨烯矿物润滑脂润滑时，压入初始阶段的磨损表面纳米硬度明显高于基体材料和纯矿物润滑脂润滑下表面，约 50nm 之后纳米硬度开始减小。含 MoS$_2$ 矿物润滑脂润滑时，3 个测试点的纳米硬度的数值和变化趋势相差较大：第 1 个测试点的数值至压深约 50nm 时趋于稳定，300nm 后略有增大；第 2 个测试点的数值在约 50nm 时达到最大值，随后缓慢减小，300nm 之后又略有增大；第 3 个测试点的硬度值至压深约 250nm 时才达到最大，

随后不断减小。含 WS_2 矿物润滑脂润滑时，磨损表面 3 个测试点的测试结果比较接近，压入初始阶段硬度值较高，约 30nm 之后迅速降低，约 200nm 之后硬度值基本与基体持平，原因可能是 WS_2 吸附到摩擦表面之后形成一层较薄的硬质摩擦保护膜，而 WS_2 的吸附阻碍了凹凸棒石粉体与金属基体之间的接触，导致磨损表面不能形成较厚的自修复层。

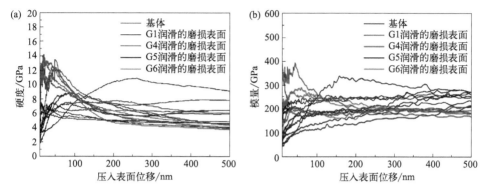

图 4-27　摩擦副基体材料与纯矿物润滑脂（G1）、含石墨烯矿物润滑脂（G4）、含 MoS_2 润滑脂（G5）及含 WS_2 润滑脂（G6）润滑下的磨损表面纳米压痕测试结果

(a) 硬度-位移曲线；(b) 弹性模量-位移曲线

表 4-2　摩擦副基体材料与不同磨损表面的纳米力学性能对比

测试表面	硬度（H/GPa）/模量（E/GPa）				H/E /×10^{-2}	H^3/E^2 ×10^{-3}
	测试 1	测试 2	测试 3	平均		
钢基体	4.56/250.6	4.76/251.7	4.82/243.4	4.71/248.6	1.9	1.69
G1 润滑的磨损表面	6.57/232.4	6.35/180.33	6.37/190.2	6.43/200.9	3.2	6.59
G4 润滑的磨损表面	7.15/227.6	7.08/182.5	7.25/197.9	7.16/202.7	3.5	8.93
G5 润滑的磨损表面	7.56/216.7	6.46/189.9	8.47/263.1	7.50/223.3	3.4	8.46
G6 润滑的磨损表面	8.81/180.0	8.57/236.99	8.25/252.3	8.54/223.1	3.8	12.51

由图 4-27(b) 所示弹性模量-位移曲线可以看出，含石墨烯矿物润滑脂润滑时，3 个测试点在压入初始阶段的变化规律差别较大。第 1 个测试点的弹性模量值在压入初始阶段的数值很大，随后不断减小，约 200nm 之后趋于稳定；另外 2 个测试点的数值则在压深约 40nm 之后保持稳定。含 MoS_2 矿物润滑脂润滑时，2 个测试点的弹性模量随着压入深度的增加不断增大，另外 1 个测试点的数值则出现先增大后缓慢减小的趋势。含 WS_2 矿物润滑脂润滑时，第 1 个测试点的弹

性模量值在压入初始阶段较小，随后出现波动，压入约 230nm 之后基本趋于稳定；另外 2 个测试点的结果比较接近，压入约 50nm 之后弹性模量值达到最高水平，随后不断减小。

从表 4-2 可以看出，在 4 种润滑脂润滑下，磨损表面的纳米硬度都高于下试样基体材料原始的纳米硬度，而其弹性模量则均小于基体。含石墨烯矿物润滑脂润滑时，磨损表面的纳米硬度较纯矿物润滑脂润滑时更高，而弹性模量值基本相同。含 MoS_2 的润滑脂和含 WS_2 的润滑脂润滑时，磨损表面的纳米硬度和弹性模量与基础脂润滑时相比有所提高。两者对比，含 WS_2 的润滑脂润滑时的磨损表面的纳米硬度更高，弹性模量则相同。同基础脂润滑时相比，含 3 种固体润滑剂的润滑脂润滑下的磨损表面的 H/E（纳米硬度/弹性模量比）值都有所增大，说明生成的摩擦保护膜的抗磨性得到进一步提升。

4.5.4 自修复层截面形貌与成分

图 4-28 所示为含石墨烯的润滑脂润滑后下试样钢盘磨痕截面微观形貌的 SEM 照片与元素线扫描结果。可以看出，下试样磨痕表面生成了平均厚度约为 $10.14\mu m$ 的自修复层，略大于纯矿物润滑脂润滑时形成的自修复层厚度，其结构致密，与下试样基体表面结合紧密。由各元素沿自修复层截面方向的线扫描结果可知，自修复层内部 Fe 元素含量明显低于下试样基体，O、C 元素含量高于基体，而 Si、Mg 和 Al 元素含量分布不均匀，但仍略高于基体。

作为一种新型的润滑材料，石墨烯主要通过以下几方面作用改善纯矿物润滑脂的减摩抗磨性能。首先，石墨烯具有片层状结构，尺寸细小且层间剪切力低，本身具有较好的润滑性，摩擦过程中石墨烯易于进入磨损区域并吸附在磨损表面，从而避免摩擦副的直接接触，进而起到提高润滑脂承载能力、减小摩擦和降低磨损的作用；其次，石墨烯强度高、韧性好，同时具有较高的杨氏模量与拉伸强度，摩擦过程中与纯矿物润滑脂润滑下凹凸棒石矿物在摩擦表面形成的自修复层相互掺杂，可以对自修复层起到进一步的增韧和强化作用；最后，同纯矿物润滑脂相比，含石墨烯矿物润滑脂润滑时形成的自修复层内部 O 和 Si 元素含量明显增多，表明石墨烯在一定程度上起到了催化剂作用，促进了凹凸棒石矿物与摩擦表面的相互作用与摩擦化学反应进程[36,37]。

结合磨损表面 XPS 分析与纳米压痕测试结果可知，含石墨烯矿物润滑脂润滑下摩擦表面形成了由 Fe、Fe_3C、铁的氧化物、石墨、氧化铝、硅的氧化物、

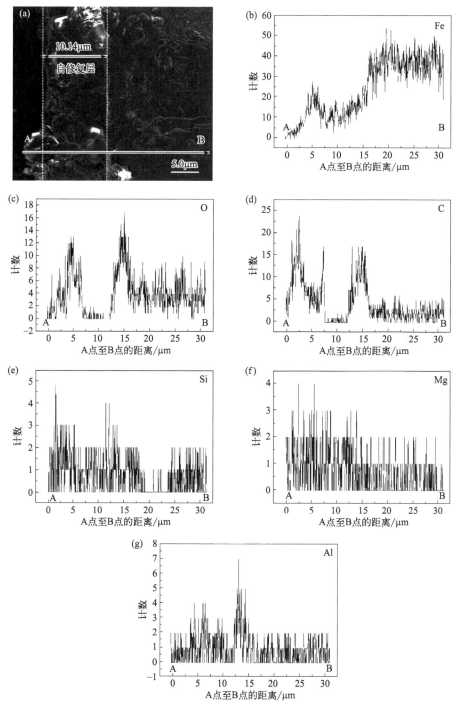

图 4-28　含石墨烯的润滑脂润滑时磨痕截面形貌的 SEM 照片与线扫描结果

（a）SEM 形貌；（b）Fe 元素分布；（c）O 元素分布；（d）C 元素分布；（e）Si 元素分布；

（f）Mg 元素分布；（g）Al 元素分布

凹凸棒石和有机物构成的复杂成分自修复层，相比于磨损试验中下试样钢盘基体材料以及纯矿物润滑脂润滑下的磨损表面，该自修复层的纳米硬度分别提高约52.1％和11.4％，弹性模量分别降低15.5％和提高0.89％；材料耐磨性指示参数H/E分别提高84.2％和9.4％，H^3/E^2分别提高428.4％和35.5％（见表4-2），说明其具有较高的硬度，良好的弹塑性和韧性，从而显著改善摩擦表面抵抗磨粒磨损和塑性变形的能力，使含石墨烯矿物润滑脂表现出优异的减摩抗磨性能。

图4-29所示为含MoS_2矿物润滑脂润滑后下试样钢盘磨损表面生成了平均厚度约为10.65μm的修复层，修复层的结构致密、覆盖均匀，同基体结合紧密。

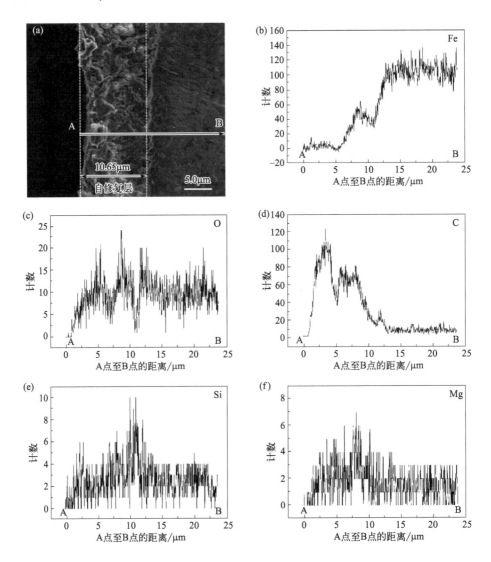

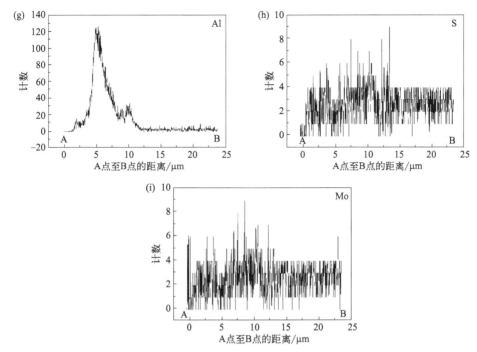

图 4-29　含 MoS₂ 矿物润滑脂润滑后试样磨痕截面形貌的 SEM 照片和元素线扫描结果

（a）SEM 照片；（b）Fe 元素；（c）O 元素；（d）C 元素；（e）Si 元素；（f）Mg 元素；

（g）Al 元素；（h）S 元素；（i）Mo 元素

自修复层内除分布 Fe、O、C、Si、Mg、Al 元素外，还含有 S 和 Mo 元素，这与磨损表面元素 EDS 分析结果一致，表明自修复层主要由上述元素构成，特别是 Mo 和 S 元素沉积到磨损表面，参与了自修复层的形成过程。

图 4-30 所示为含 WS₂ 润滑脂润滑后下试样磨痕截面形貌的 SEM 照片与元素面扫描结果。下试样磨痕表面同样均匀覆盖了厚度约为 $9.87\mu m$ 的自修复

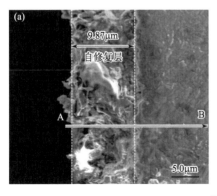
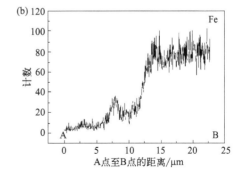

图 4-30

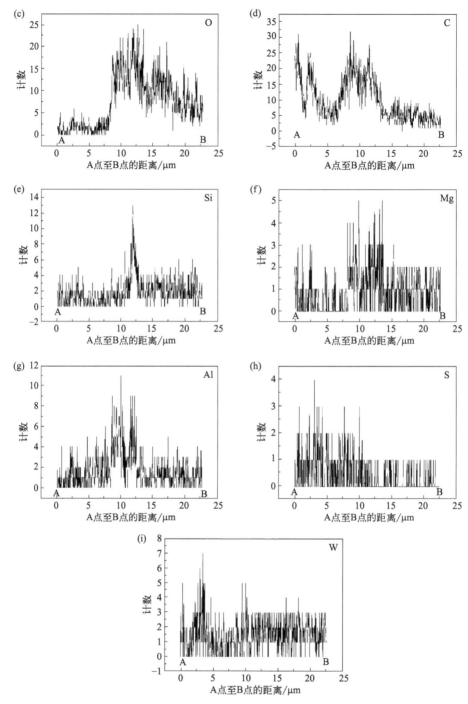

图 4-30 含 WS₂ 矿物润滑脂润滑后试样磨痕截面形貌的 SEM 照片和元素线扫描结果

（a）SEM 照片；（b）Fe 元素；（c）O 元素；（d）C 元素；（e）Si 元素；

（f）Mg 元素；（g）Al 元素；（h）S 元素；（i）W 元素

层，其组织致密、结合良好。由主要元素面扫描结果可知，自修复层界面处 O、C、Si、Mg、Al 等元素含量较高，而表层 S、W 元素含量相对较高。结合 XPS 分析可知，含 WS_2 矿物润滑脂在磨损表面形成的自修复层表层富集 WS_2 和 WO_3。

MoS_2 和 WS_2 进一步改善了凹凸棒石矿物润滑脂的减摩抗磨性能，二者晶体结构类似，均为密排六方的层状结构，层与层之间的结合力为范德华力，受剪切力时容易滑移而形成滑移面，从而表现出良好的润滑性[13-18]，其影响凹凸棒石矿物润滑脂摩擦学性能的作用机制相近，主要表现在以下几个方面：①吸附到磨损区域的固体润滑剂粉末硬度低，在摩擦过程中被碾压成薄片，可以防止金属摩擦副微凸体之间的直接接触，大幅提高摩擦表面的承载能力，因此使矿物润滑脂在重载条件下仍保持良好的减摩抗磨性能[17,19]；②在高温下 MoS_2 和 WS_2 能够发生氧化反应形成相应的氧化物，生成的氧化物同样具有良好的润滑性，可以在高温下保持润滑脂的摩擦学性能；③自修复层内部 Mo 和 W 元素的扩散可以促进自修复层与摩擦副基体之间的界面反应，从而改善自修复层与基体的结合[38,39]。

此外，结合磨损表面与截面的 EDS 分析可以看出，在两种含 S 固体添加剂的作用下，自修复层中的 O、Si、Mg、Al 等元素的含量明显降低，说明固体添加剂的添加在一定程度上不利于凹凸棒石矿物与基体之间的摩擦化学反应进行，可能的原因是二者在摩擦过程中影响了凹凸棒石粉体在磨损接触区域的吸附，进而限制了凹凸棒石矿物的摩擦化学反应进程。然而，与纯矿物润滑脂和含石墨烯矿物润滑脂润滑下相比，含 MoS_2 与含 WS_2 矿物润滑脂在磨损表面形成的自修复层纳米硬度、H/E、H^3/E^2 较高，这可能与自修复层表面 S、Mo 或 W 元素富集，表层沉积了软质 MoS_2 或 WS_2，同时摩擦过程中形成了高硬度含 Mo 和 W 的氧化物。

参考文献

[1]　朱廷彬. 润滑脂技术大全 [M]. 北京：中国石化出版社，2009.

[2]　程亚洲，胡坤宏，徐玉福，等. 纳米二硫化钼在聚α烯烃润滑脂中的摩擦学性能 [J]. 合成润滑材料，2011，38（3）：1-4.

[3]　陈惠卿. 二硫化钼在润滑脂中的应用 [J]. 合成润滑材料，2002，29（1）：13-19.

[4]　杜鹏飞，陈国需，宋世远，等. 白云母微粉作为润滑脂添加剂的摩擦学性能 [J]. 硅酸盐学报，

2016，44（5）：748-753.

[5] 谢凤，葛世荣，季峰，等.金属氧化物在润滑脂中的极压抗磨性能研究［J］.润滑与密封，2009，34（2）：15-16.

[6] 何强，郝安林.纳米氧化锌润滑脂的制备与摩擦表面自修复试验研究［J］.粉末冶金技术，2015，33（3）：176-179.

[7] 王德国，冯大鹏.几种金属氧化物纳米粒子作润滑脂添加剂的试验研究［J］.润滑与密封，2005，30（2）：65-66.

[8] 都行，李屹，吴兵.油酸修饰氟化镧纳米添加剂对润滑脂摩擦学性能的影响［J］.非金属矿，2014（2）：79-82.

[9] 赵彩松，张雅文，李建昌，等.新型含噻二唑有机硼酸酯在锂基脂中的极压抗磨性能及作用机理研究［J］.摩擦学学报，2014，34（3）：325-332.

[10] Lin J S，Wang L W，Chen G H. Modification of graphene platelets and their tribological properties as a lubricant additive［J］. Tribology Letters，2011，41：209-215.

[11] Zhang W，Zhou M，Zhu H W, et al. Tribological properties of oleic acid-modified graphene as lubricant oil additives［J］. Journal of Physics D：Applied Physics，2011，44：4329-4334.

[12] Hu K H，Liu M，Wang Q J, et al. Tribological properties of molybdenum disulfide nanosheets by monolayer restacking process as additive in liquid paraffin［J］. Tribology International，2009，42：33-39.

[13] Yadgarov L，Petrone V，Rosentsveig R，et al. Tribological studies of rhenium doped fullerene-like MoS_2 nanoparticles in boundary，mixed and elasto-hydrodynamic lubrication conditions［J］. Wear，2013，297：1103-1110.

[14] 石琛，毛大恒，俸颙.二硫化钨发动机油的摩擦学性能研究［J］.润滑与密封，2007，32（3）：83-87.

[15] Aldana P U，Vacher B，Mogne T L, et al. Action mechanism of WS_2 nanoparticles with ZDDP additive in boundary lubrication regime［J］. Tribology Letters，2014，56：249-258.

[16] Ratoi M，Niste V B，Walker J, et al. Mechanism of action of WS_2 lubricant nanoadditives in high-pressure contacts［J］. Tribology Letters，2013，52：81-91.

[17] 毛大恒，石琛，俸颙，等.高温润滑脂中 WS_2 亚微米粒子的摩擦学性能研究［J］.摩擦学学报，2010，30（1）：68-74.

[18] 乔玉林，崔庆生，臧艳，等.石墨烯油润滑添加剂的减摩抗磨性能［J］.装甲兵工程学院学报，2014，28（69）：7-100.

[19] 程嘉兴，谢凤，李斌，等.石墨烯润滑添加剂的应用研究［J］.合成润滑材料，2015，42（3）：19-22.

[20] Yu H L，Xu Y，Shi P J, et al. Effect of thermal activation on the tribological behaviours of serpentine ultrafine powders as an additive in liquid paraffin［J］. Tribology International，2011，44：1736-1741.

［21］ Yin Y L，Yu H L，Wang H M，et al. Friction and wear behaviors of steel/bronze tribopairs lubricated by oil with serpentine natural mineral additive ［J］. Wear，2020，456-457：203387.

［22］ Zhang Z，Yin Y L，Yu H L，et al. Tribological behaviors and mechanisms of surface-modified sepiolite powders as lubricating oil additives ［J］. Tribology International，2022，173：107637.

［23］ 南峰. 微纳米颗粒对凹凸棒石润滑脂摩擦学性能的影响机理研究 ［D］. 上海：上海交通大学，2016.

［24］ Wagner C D，Riggs W M，Davis L E，et al. Handbook of X-ray photoelectron spectroscopy ［M］. Eden Prairie：Perkin-Elmer Corporation，1979.

［25］ McIntyre N S，Zetaruk D G. X-ray photoelectron spectroscopic studies of iron oxides ［J］. Analytical Chemistry，1977，49：1521-1529.

［26］ Yamashita T，Hayes P. Analysis of XPS spectra of Fe^{2+} and Fe^{3+} ions in oxide materials ［J］. Applied Surface Science，2008，254：2441-2449.

［27］ Allahdin O，Dehou S C，Wartel M，et al. Performance of FeOOH-brick based composite for Fe（Ⅱ）removal from water in fixed bed column and mechanistic aspects ［J］. Chemical Engineering Research and Design，2013，91：2732-2742.

［28］ Pelissier B，Fontaine H，Beaurain A，et al. HF contamination of 200 mm Al wafers：A parallel angle resolved XPS study ［J］. Microelectron Energy，2011，88：861-866.

［29］ Montesdeoca-Santana A，Jiménez-Rodríguez E，Marrero N，et al. XPS characterization of different thermal treatments in the ITO-Si interface of a carbonate-textured monocrystalline silicon solar cell ［J］. Nuclear Instruments & Methods in Physics Research Section B-beam Interactions with Materials and Atoms，2010，268：374-378.

［30］ Figueiredo N M，Carvalho N J M，Cavaleiro A. An XPS study of Au alloyed Al-O sputtered coatings ［J］. Applied Surface Science，2011，257：5793-5798.

［31］ 张博，许一，王建华，等. 非皂基高温功能润滑脂摩擦学方法 ［J］. 功能材料，2014，45：18072-18082.

［32］ Choudhury D，Das B，Sarma D D，et al. XPS evidence for molecular charge-transfer doping of grapheme ［J］. Chemical Physics Letters，2010，497：66-69.

［33］ Paparazzo E. On the interpretation of XPS spectra of metal（Pt，Pt-Sn）nanoparticle/graphene systems ［J］. Carbon，2013，63：578-581.

［34］ Gu L，Ke P L，Zou Y S，et al. Amorphous self-lubricant MoS_2-C sputtered coating with high hardness ［J］. Applied Surface Science，2015，331：66-71.

［35］ Xu S S，Gao X M，Hu M，et al. Morphology evolution of Ag alloyed WS_2 films and the significantly enhanced mechanical and tribological properties ［J］. Surface Coating Technology，2014，238：197-206.

［36］ Nan F，Yin Y. Improving of the tribological properties of attapulgite base grease with grapheme ［J］. Lubrication Science，2021，33（7）：380-393.

凹凸棒石矿物自修复润滑脂

［37］　张博，许一，王建华，等.非皂基凹凸棒石润滑脂磨损修复机理研究［J］.摩擦学报，2014，6：697-704.

［38］　王娟，郑德双，李亚江.Mo-Cu 合金与 1Cr18Ni9Ti 不锈钢真空钎焊接头的组织性能［J］.焊接学报，2013，34（1）：13-16.

［39］　林国标，黄继华，张建纲，等.SiC 陶瓷与 Ti 合金的（Ag-Cu-Ti)-W 复合钎焊接头组织结构研究［J］.材料工程，2005，（10）：17-22.

第5章 油溶性添加剂与凹凸棒石对矿物润滑脂性能的影响

5.1 概述

润滑油（脂）添加剂是为提高润滑材料原有性能，或赋予其新的特性而少量加入，但对润滑材料性能带来巨大改善的物质。添加剂是润滑油（脂）产品的重要组成部分，它对油品的使用性能有着重要的影响。润滑脂添加剂基本上为油溶性添加剂，与润滑油添加剂可部分混用，有部分添加剂则为润滑脂专用添加剂，主要包括抗氧抗腐剂、极压抗磨剂、油性减摩剂、抗氧剂、黏附剂、防锈剂、染色剂、填充剂、结构稳定剂等[1-3]。

在边界润滑状态下，摩擦副表面承受较高载荷，导致金属表面部分微凸体直接接触，引起严重的摩擦损伤。为防止金属发生表面擦伤，甚至熔焊等严重磨损，在润滑脂中常加入极压抗磨添加剂和减摩添加剂。油性减摩剂或极压抗磨剂能使润滑剂在摩擦表面形成定向吸附膜，与摩擦表面发生物理吸附，或与金属表面发生摩擦化学反应生成化学反应膜，从而起到增加油膜强度、减小摩擦系数、降低材料磨损的作用[4,5]。

由于润滑脂是非牛顿流体和胶体体系，大多数有机化合物添加剂对润滑脂胶体结构具有破坏作用，导致润滑脂稠度和滴点下降、分油量增加、使用性能变坏。因此，选择既可以有效改善润滑脂性能，又对润滑脂胶体结构破坏较小的添加剂是必须注意的问题，需要考虑极性添加剂对润滑脂胶体分散体系结构稳定性和物理化学性质的影响，还要选择加入添加剂的适当工艺条件[6,7]。

本章采用第3章所述的制备工艺，在凹凸棒石矿物润滑脂制备过程中引入油溶性减摩抗磨添加剂和不同工艺处理的凹凸棒石矿物粉体，介绍含磷添加剂211、硫化脂肪酸酯（RC2526）、硫磷酸含氮衍生物（T305）、硫代磷酸胺盐（T307）、二烷基二硫代磷酸盐（ZDDP）、二烷基二硫代氨基甲酸钼（MoDTC）、二烷基二硫代磷酸氧钼（T462）等极压抗磨添加剂，以及颗粒化凹凸棒石、300℃和700℃热处理凹凸棒石矿物对矿物润滑脂理化性能和摩擦学性能的影响。

在此基础上，结合第 4 章关于固体润滑剂对矿物润滑脂摩擦学性能影响的相关规律，介绍典型油溶性抗磨剂、固体润滑剂和凹凸棒石矿物复配对矿物润滑脂摩擦学性能、自修复层微观结构及减摩自修复机理的影响。

5.2 油溶性添加剂对矿物润滑脂理化性能的影响

5.2.1 油溶性添加剂对润滑脂锥入度的影响

油溶性添加剂的加入会对润滑脂原有的胶体分散体系结构带来很大影响，导致润滑脂锥入度发生明显变化，某些添加剂甚至会引起润滑脂的失效。考虑到极压抗磨剂在润滑脂中的添加量一般不超过 5%，因此利用第 3 章所述的矿物润滑脂制备工艺，分别以 KH550 和 CTAB 表面改性凹凸棒石矿物为稠化剂，在稠度为 3 级的基础脂中加入 3% 油溶型添加剂，制备得到矿物基复合润滑脂。表 5-1 列出了矿物基复合润滑脂的锥入度检测结果。

在两种基础脂中加入 T305、T307 和 ZDDP 均会使润滑脂失去原有结构，导致润滑脂锥入度增大，使润滑脂变稀，无法满足润滑脂最基本的性能要求。润滑脂失效原因可能在于，极压抗磨剂中较大的有机分子破坏了由凹凸棒石纤维形成的网络骨架结构，导致基础油分子无法继续被吸附、包裹在其中，因而使润滑脂稠度明显下降。磷剂 211 的加入使润滑脂锥入度稍有增加，但增加值没有使稠度等级发生变化。而加入硫剂 RC2526 和 MoDTC 后，润滑脂的锥入度明显增大，对稠度等级影响较大，在使用时要考虑减少其添加量。T462 对基础脂的锥入度影响不大，3% 的添加量不会影响润滑脂的稠度等级。

表 5-1 不同稠化剂制备的 3 级基础脂加入油溶性添加剂后的锥入度对比

不同稠化剂制备润滑脂	加入不同添加剂后润滑脂锥入度							
	加入前	211	RC2526	T305	T307	ZDDP	MoDTC	T462
KH550 表面改性凹凸棒	252.1	255.6	265.7	—	—	—	268.6	250.9
CTAB 表面改性凹凸棒	245.8	249.3	262.3				270.2	244.7

注："—"表示润滑脂锥入度过大，润滑脂失效。

5.2.2 凹凸棒石粉体对润滑脂锥入度的影响

分别采用 2.2 节和 2.3 节所述干式球磨工艺和热处理工艺对凹凸棒石矿物粉体进行处理，将得到的颗粒化凹凸棒石粉体和经 300℃、700℃ 热处理后粉体加入凹凸棒石矿物润滑脂。表 5-2 所示为 3 级矿物润滑脂中加入 3％上述凹凸棒石矿物粉体前后锥入度对比。在两种基础脂中加入不同处理工艺的凹凸棒石矿物粉体后，润滑脂锥入度降低，润滑脂稠度增大。亚微米凹凸棒石、300℃和 700℃凹凸棒石加入后，使基础脂的稠度从 3 级升为 4 级，说明要保持润滑脂稠度不变，添加以上极压抗磨剂时，要综合考虑稠化剂、基础油和添加剂的质量百分比。总体上，凹凸棒石矿物的加入不会破坏矿物润滑脂内部的网络结构，但会增加基础脂的稠度。在使用时，应根据需要调整稠化剂、基础油、添加剂三者的比例关系，制备出所需稠度等级的润滑脂。

表 5-2　不同稠化剂制备的 3 级基础脂加入凹凸棒石粉体前后锥入度对比

不同稠化剂制备润滑脂	加入不同添加剂后润滑脂锥入度			
	加入前	颗粒化凹凸棒石	300℃热处理凹凸棒石纤维	700℃热处理凹凸棒石纤维
KH550 表面改性凹凸棒	252.1	197.6	190.6	192.4
CTAB 表面改性凹凸棒	245.8	195.4	185.6	186.3

5.2.3　与成品润滑脂理化性能对比

将加入油溶性添加剂和凹凸棒石粉体的矿物润滑脂与 X03/H 型多效锂基脂和市售 3 级膨润土润滑脂进行理化性能对比。图 5-1 所示为加入 3％添加剂或凹凸棒石粉体后 CTAB 改性凹凸棒石矿物润滑脂与成品润滑脂外观对比，所用矿物润滑脂为第 3 章所述 C3 润滑脂。矿物润滑脂呈均匀、光滑、无气泡的膏脂状，与两种成品润滑脂外观类似，润滑脂颜色因加入添加剂或凹凸棒石粉体种类而略有差异，但颜色变化不明显。

表 5-3 为添加油溶性添加剂与凹凸棒石粉体的矿物润滑脂与成品润滑脂理化性能对比。与两种成品脂相比，矿物润滑脂滴点均高于 200℃，最高为 380℃，已达到高滴点润滑脂的性能要求；部分极压添加剂对基础脂的锥入度影响较大，在使用时要考虑其合理添加量；铜片腐蚀试验结果表明各脂样均未产生重度腐蚀；四球极压性试验得到较高的 P_B 值与 P_D 值，均高于多效锂基脂 1 个负荷级别，多个脂样的 P_B 值和 P_D 值高于膨润土润滑脂 1 个负荷级别；钢网分油量小于 3％，满足 GJB 1730—1993 对钢网分油指标小于 5％的要求。以 CTAB 改性凹凸棒石或 KH-550 改性凹凸棒石为稠化剂制备的矿物润滑脂，无论是基础脂或是加入极压抗磨剂后，其基本理化性能在达到 GJB 1730—1993 要求基础上，均已优于商用多效锂基脂 X03/H 和同属非皂基润滑脂的膨润土润滑脂[9,10]。

117

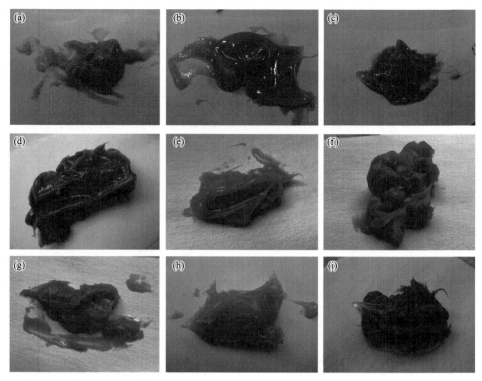

图 5-1　加入 3%添加剂后 CTAB 改性凹凸棒石矿物润滑脂与成品润滑脂外观对比

（a）磷剂 211；（b）硫剂 RC2526；（c）MoDTC；（d）T462；（e）颗粒化凹凸棒石；（f）300℃热处理
凹凸棒石纤维；（g）700℃热处理凹凸棒石纤维；（h）X03/H 润滑脂；（i）膨润土润滑脂[8]

表 5-3　添加油溶性添加剂与凹凸棒石粉体的矿物润滑脂与成品润滑脂理化性能对比

润滑脂		理化性能					
		滴点/℃（不低于）	锥入度/0.1mm	T2 铜片腐蚀/100℃,24h	极压性 P_B 值/N	极压性 P_D 值/N	钢网分油/%
CTAB 表面改性凹凸棒石稠化	未添加	380	245.8	1b	785	2452	<3%
	磷剂 211	375	249.3	1b	785	2452	2.0%
	RC2526	360	262.3	1b	696	1961	2.8%
	MoDTC	360	270.2	1b	785	2452	2.5%
	T462	370	244.7	1b	785	2452	2.1%
	未处理 ATP	380	198.5	1b	696	1961	1.8%
	颗粒化 ATP	380	195.4	2e	785	2452	2.6%
	300℃ ATP	380	185.6	1b	696	1961	1.9%
	700℃ ATP	380	186.3	1b	785	2452	2.1%

润滑脂		理化性能					
		滴点/℃（不低于）	锥入度/0.1mm	T2 铜片腐蚀/100℃,24h	极压性 P_B 值/N	极压性 P_D 值/N	钢网分油/%
KH-550 表面改性凹凸棒石稠化	未添加	284	252.1	1b	785	2452	<3%
	磷剂 211	280	255.6	1b	785	2452	2.2%
	RC2526	260	265.7	1b	696	1961	2.7%
	MoDTC	270	268.6	1b	785	1961	2.7%
	T462	270	250.9	1b	785	1961	2.5%
	未处理 ATP	270	203.2	1b	696	1961	2.0%
	颗粒化 ATP	270	197.6	2e	785	2452	2.2%
	300℃ ATP	270	190.6	1b	696	2452	2.2%
	700℃ ATP	270	192.4	1b	696	2452	1.9%
X03/H 多效锂基脂		200	230	1a	618	1765	0.5%
膨润土润滑脂		300	240	1b	696	1961	1.0%

注：ATP 为凹凸棒石。

5.3 油溶性添加剂对矿物润滑脂摩擦学性能的影响

第 3 章关于矿物润滑脂摩擦学性能的研究结果表明，CTAB 优于 KH-550 改性凹凸棒石矿物作为稠化剂制备的润滑脂的摩擦学性能。在 CTAB 改性凹凸棒石矿物制备的润滑脂中，又以稠度为 3 级的润滑脂（C3）在不同条件下表现出最佳的摩擦学性能。因此，本节以 C3 矿物润滑脂为基础，分别向其中加入质量分数为 0.2%、0.5%、1%、2% 和 3% 的油溶性添加剂（磷剂 211、硫剂 RC2526、MoDTC 和 T462）和凹凸棒石粉体（颗粒化凹凸棒石、300℃ 热处理凹凸棒石和 700℃ 热处理凹凸棒石），介绍油溶性添加剂和凹凸棒石粉体的添加对矿物润滑脂摩擦学性能的影响。

采用 3.3.1 节所述 Optimal SRV4 摩擦磨损试验机评价油溶性添加剂对矿物润滑脂摩擦学性能的影响。试验采用球盘接触的往复滑动模式，上试样为直径 10mm 的 GCr15 钢球（硬度为 HRC59～61）；下试样为 ϕ24mm×7.9mm 的 GCr15 钢盘。试验条件参考 SH/T 0721—2002 标准设计，载荷 200N（初始赫兹接触应力 2742MPa），试验时间 1h，温度 50℃，往复频率为 50Hz，往复行程 1mm。摩擦系数结果取试验后半程稳定阶段的平均值。试验前后，试样均在乙醇中超声清洗 10min。试验结束后，利用激光共聚焦显微镜测量下试样钢盘磨表面磨痕的磨损体积，并根据滑动距离和施加载荷计算材料磨损率。

5.3.1 润滑脂摩擦学性能

图 5-2 所示为添加 4 种油溶性极压抗磨剂后矿物润滑脂摩擦系数和钢盘磨损率随添加剂含量变化的关系曲线，图 5-2(b) 中虚线所对应的数值区域为纯矿物润滑脂润滑下的钢盘磨损率。其中，不含添加剂的矿物润滑脂摩擦系数约为 0.12。加入磷剂 211 后，润滑脂摩擦系数变化不规律，摩擦系数在添加剂含量为 1% 时达到最低值 0.117，在添加量为 2% 时达到最高值 0.124，磷剂 211 对提升矿物润滑脂的减摩性能作用不明显；相比于纯矿物润滑脂，含磷剂矿物润滑脂作用下的钢盘磨损率随磷剂含量增加先降低后升高，在磷剂含量为 1% 时磨损率达到最低值，略低于纯矿物润滑脂。加入 RC2526 后，摩擦系数在添加量为 0.2% 降至最低值 0.109，之后随添加量增大不断升高，添加量达到 2% 时的摩擦系数与纯矿物润滑脂相当；钢盘磨损率随润滑脂中添加剂含量升高不断增大，并在添加剂含量为 2% 时与纯矿物润滑脂润滑下钢盘磨损率持平。RC2526 添加量增加导致润滑脂摩擦系数增大的原因可能在于其对矿物润滑脂内部束油纤维骨架造成破坏，在高添加量时导致润滑油外流，纤维骨架失去弹性，从而使减摩性能下降。加入不同添加量 MoDTC 后，矿物润滑脂摩擦系数显著下降，且随添加量增加不断下降，在添加量为 2% 时达到最低值 0.104。但 MoDTC 添加量超过 2% 后，润滑脂锥入度迅速增大，稠度明显下降，说明此添加量下润滑脂的纤维骨架结构遭到严重破坏。加入 T462 后，整个过程中的摩擦系数均低于矿物基础脂，摩擦系数随添加量增加先下降后升高，在添加量为 1% 时摩擦系数达到最低值 0.104。含 T462 与 MoDTC 矿物润滑脂润滑下钢盘磨损率变化趋势相同，随添加剂含量增大先降低后升高，整个添加量范围内材料磨损率均低于纯矿物润滑脂，表现出较好的抗磨性能。

除磷剂 211 和 RC2526 的特定添加量外，添加适量油溶性极压抗磨剂可对矿物润滑脂摩擦学性能起到明显的改善作用，不同的添加剂对应不同的最佳添加量。综合考虑润滑脂的减摩抗磨性能，RC2526、MoDTC 和 T462 在润滑脂中的最佳添加量分别为 0.2%、2% 和 1%。同时，使用过量的油溶性极压抗磨剂会在一定程度上破坏矿物润滑脂内部的束油纤维骨架结构，导致润滑脂稠度增大和性能下降。

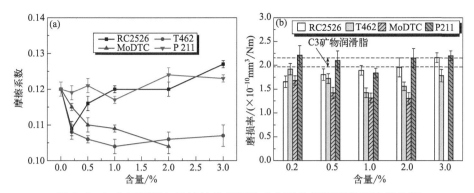

图 5-2　加入不同添加量油溶性极压抗磨剂矿物润滑脂的摩擦学性能

（a）摩擦系数；（b）钢盘磨损率

5.3.2　磨损表面分析

（1）磨损表面形貌的 SEM 分析

图 5-3 为添加不同油溶性极压抗磨剂润滑脂作用下磨损表面形貌的 SEM 照片。加入油溶性添加剂后，磨损表面形貌与纯矿物润滑脂润滑下基本相似，表现为黑色微区与光亮区共存的特征，且磨损表面比较光滑，没有明显的磨粒磨损的痕迹，仅有少量的微区材料剥落 ［图 5-3（d）］。纯矿物润滑脂润滑下磨损表面黑色微区面积占比较大，而含添加剂润滑脂润滑下磨损表面黑色微区占比减少，且沿摩擦副运动方向呈条带状分布特征，带状区之间存在白色光滑区，第 3 章中所述的层叠状、不连续碾压铺展层特征不明显。如前所述，磨损表面黑色微区主要由 O、Si 和少量 Mg、Al 元素构成，是润滑脂中凹凸棒石稠化剂与摩擦副基体材料发生摩擦化学反应生成的多种化合物组成的自修复层。加入油溶性极压抗磨剂后，油溶性添加剂的物理吸附和摩擦化学反应进程在一定程度上影响了凹凸棒石矿物在磨损表面的吸附沉积和摩擦反应进程，同时因润滑脂减摩性能的改善导致摩擦能下降，同样影响了凹凸棒石的化学反应进程，因此影响了磨损表面修复层的完整性，使黑色微区的面积占比有所下降。

基于以上结果，结合边界润滑理论中的薄膜润滑机理可知[11,12]，在基础脂中加入油溶性极压抗磨剂可以在磨损表面形成一层低抗剪强度的摩擦反应薄膜，从而减小磨损，降低摩擦，提升矿物润滑脂的承载力。

（2）磨损表面成分的 EDS 分析

在图 5-3 所示不同磨损表面分别选取有代表性的 6 个测试点（Spectrum 1、

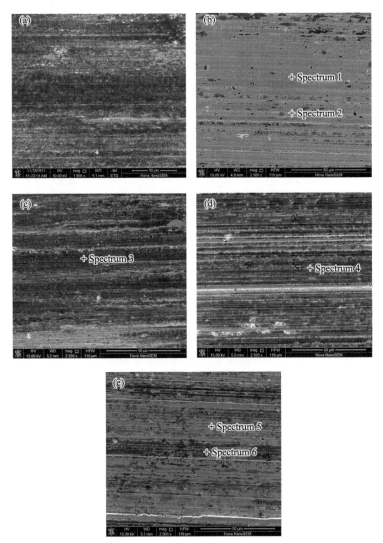

图 5-3　含油溶性添加剂矿物润滑脂润滑下磨损表面形貌的 SEM 照片

(a) 基础脂；(b) 0.2% RC2526；(c) 1% T462；(d) 2% MoDTC；(e) 1% P211

Spectrum 2、Spectrum 3、Spectrum 4、Spectrum 5 和 Spectrum 6）进行 EDS
分析，结果如图 5-4 所示。含 RC2526 矿物润滑脂润滑的磨损表面 2 种典型形
貌，即白色光滑区域（Spectrum 1）和黑色微区（Spectrum 2）的能谱分析结果
表明，白色光滑区域主要由 Fe 元素构成，为下试样钢盘的主要构成元素；黑色
微区所含元素为 C、O、Fe、Mg、Si 和 S，结合第 3 章分析结果可知该区域为凹
凸棒石矿物与磨损表面 Fe 元素发生摩擦化学反应形成的自修复层[13,14]。在含
T462 和 MoDTC 矿物润滑脂润滑的磨损表面，平行于滑动摩擦方向的黑色微区

组成的条带状区域（Spectrum 3 和 Spectrum 4）主要元素为 C、O、Fe、Mg、Al 和 Si，同样属于凹凸棒石矿物发生摩擦化学反应形成的自修复层。含磷剂 P211 润滑脂润滑的磨损表面与含 RC2526 润滑脂润滑的磨损表面形貌特征相似，均由白色光滑区和黑色微区组成，区别在于含 RC2526 润滑脂润滑下磨损表面黑色微区形成了分布零散的岛状形貌，而含 P211 润滑脂润滑的磨损表面黑色微区则形成了沿滑动摩擦方向的条带状。白色光滑区域主要由 Fe 构成（Spectrum 5），而黑色微区（Spectrum 6）则含元素 C、O、Fe、Mg、Al 和 Si，为典型的磨损表面自修复层成分。

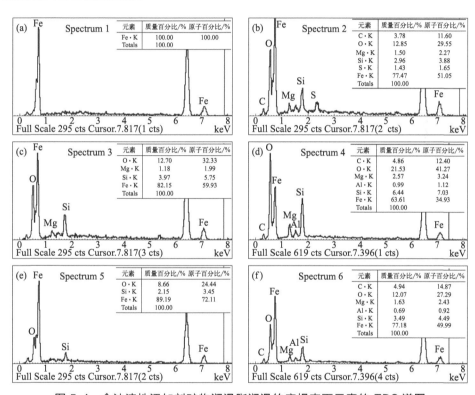

图 5-4　含油溶性添加剂矿物润滑脂润滑的磨损表面元素的 EDS 谱图

（a）含 RC2526 润滑脂；（b）含 RC2526 的基础脂润滑的黑色微区；（c）含 T462 的基础脂；
（d）含 MoDTC 的基础脂；（e）含 P211 的基础脂润滑的光滑表面；
（f）含 P211 的基础脂润滑的黑色微区

添加油溶性添加剂前后，矿物润滑脂润滑下磨损表面主要成分变化最明显的是 C 元素。加入添加剂后，C 元素含量明显下降。C 元素主要源自润滑脂中有机 C 链的裂解，其含量降低与润滑脂减摩性能提升导致摩擦热下降，润滑脂中基础油分解量减小密切相关[15]。

（3）磨损表面成分的 XPS 分析

图 5-5 为含 RC2526 矿物润滑脂润滑下磨损表面经 50s 溅射后采集的不同元素 XPS 精细结构图谱。可以看出，磨损表面几种典型元素谱峰均有不同程度的宽化。对 XPS 谱峰进行分峰拟合处理后可知，$Fe2p_{3/2}$ 的精细结构谱可拟合为 706.6eV、708.4eV 和 710.5eV 等 3 个子峰，分别对应 Fe、Fe_3C 和 Fe_3O_4；$O1s$ 的精细结构谱可拟合为 528.49eV、530.02eV、531.17eV、532.19eV 和

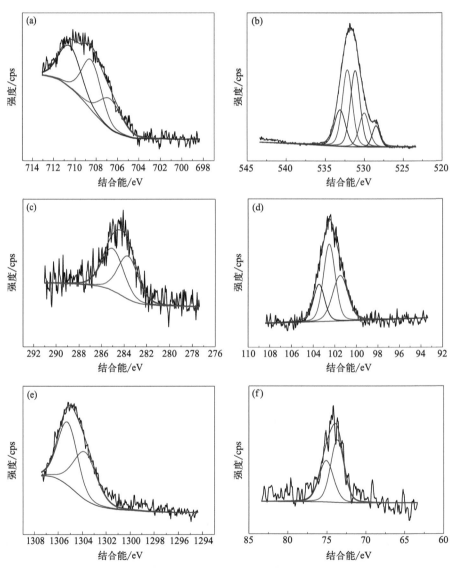

图 5-5　含 RC2526 矿物润滑脂润滑下磨损表面主要元素的 XPS 谱图

（a）$Fe2p_{2/3}$；（b）$O1s$；（c）$C1s$；（d）$Si2p$；（e）$Mg1s$；（f）$Al2p$

533.14eV 等 5 个子峰，分别对应 Al_2O_3、Fe_2O_3、$(Mg/Fe)_2SiO_4$、硅酸盐和 SiO_2；C1s 的精细结构谱可拟合为 283.65eV 和 285eV 子峰，分别对应 Fe_3C 和含 C 的有机物；Si2p 的精细结构谱可拟合为 101.5eV、102.5eV 和 103.4eV 子峰，分别对应 SiO_x、硅酸盐和 SiO_2；Mg1s 的精细结构谱可拟合为 1303.76eV 和 1305.21eV 子峰，分别对应 MgO 和 $(Al/Mg)Si_4O_{10}(OH)_2 \cdot nH_2O$；Al2$p$ 的精细结构谱可拟合为 73.68eV 和 75.1eV 子峰，分别对应 Al_2O_3 和 $(Al/Mg)Si_4O_{10}(OH)_2 \cdot nH_2O$。

以上结果与 3.4 节所述纯矿物润滑脂润滑下磨损表面形成的自修复层成分分析结果相一致，进一步证实了矿物润滑脂中的凹凸棒石稠化剂在摩擦过程中与磨损表面发生摩擦化学反应，形成了由硬质陶瓷相、高硬度氧化物、凹凸棒石粉体及其脱水反应产物构成的自修复层。同时，在润滑脂中加入油溶性添加剂可以提升其减摩抗磨性能，但添加剂未直接参与修复层的形成[16-20]。

5.4　凹凸棒石粉体对矿物润滑脂摩擦学性能的影响

采用 Optimal SRV4 摩擦磨损试验机，按照与 4.2 节所述相同试验方法评价添加颗粒化凹凸棒石、300℃热处理凹凸棒石和 700℃热处理凹凸棒石粉体对矿物润滑脂摩擦学性能的影响。添加凹凸棒石粉体形貌的 SEM 照片如图 5-6 所示。如第 2 章所述，蛇纹石粉体经干粉球磨工艺处理后，不再具备凹凸棒石矿物特有的纤维状结构，而是完全转变为不规则的片层状颗粒，片层直径为 400～600nm，厚度为 100～150nm。此外，300℃和 700℃是凹凸棒石因发生脱水反应引起晶格变化的两个临界温度，此时晶体结构中由于失去不同位置的"水"，而使晶体结构表现为亚稳态。将上述凹凸棒石粉体作为抗磨添加剂加入矿物润滑脂，其目的是借助粉体的片层状或亚稳态结构，利用其在摩擦过程中易发生相变和摩擦化学反应的特点，促进磨损表面自修复层的形成，以期进一步改善润滑脂的减摩抗磨性能。

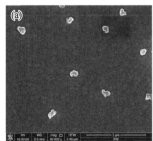 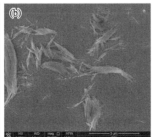 

图 5-6　不同处理工艺获得的凹凸棒石粉体形貌的 SEM 照片

(a) 片层状凹凸棒石颗粒；(b) 300℃处理后凹凸棒石粉体；(c) 700℃处理后凹凸棒石粉体[8]

5.4.1 润滑脂摩擦学性能

图 5-7 所示为添加凹凸棒石粉体后矿物润滑脂的摩擦系数与钢盘磨损率随添加量变化的关系曲线，图 5-7(b)中虚线所对应的数值区域为纯矿物润滑脂润滑下的钢盘磨损率。可以看出，加入片层状凹凸棒石颗粒后矿物润滑脂的摩擦系数及其润滑下钢盘磨损率明显降低，均随添加量增加呈先减小后增大的变化趋势。加入 300℃和 700℃热处理凹凸棒石粉体后，润滑脂摩擦系数在低添加量时明显减小，分别在添加量为 1％和 0.5％时达到最小值，之后随着添加量增大摩擦系数迅速升高，并高于纯矿物润滑脂。含热处理凹凸棒石粉体的矿物润滑脂润滑下钢盘磨损率的变化趋势与摩擦系数相近。

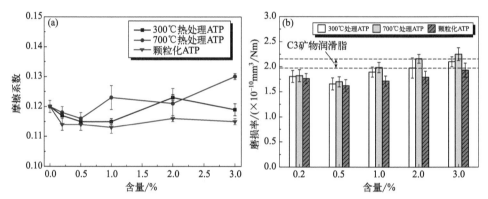

图 5-7　加入凹凸棒石粉体的矿物润滑脂摩擦系数及其润滑下钢盘磨损率变化曲线

(a) 摩擦系数；(b) 磨损率

如第 2 章所述，经 300℃和 700℃处理后凹凸棒石粉体的形貌及几何尺寸没有发生明显变化，因此在润滑脂结构中热处理粉体与先前加入的矿物稠化剂粉体会相互交织，形成位置相对固定的骨架结构，而非以游离态方式存在于摩擦表面。因此，摩擦过程中热处理粉体对促进修复层形成的作用不显著，导致其对矿物润滑脂减摩抗磨性能提升效果不明显。相反，片层状凹凸棒石颗粒由于游离于润滑脂骨架结构之外，能够直接作用在摩擦表面，通过片层结构阻隔摩擦副直接接触，同时能够更直接地参与磨损表面的摩擦化学反应，因此能够显著改善矿物润滑脂的摩擦学性能。此外，上述凹凸棒石粉体添加量对于矿物润滑脂稠度有很大影响。当添加量过大时，润滑脂稠度会明显增加，导致润滑脂应用场合发生改变，因此应用凹凸棒石粉体进一步改善矿物润滑脂性能时需兼顾考虑其应用领域，合理调节添加量。

5.4.2　磨损表面分析

（1）磨损表面形貌的 SEM 分析

图 5-8 为添加不同凹凸棒石粉体的矿物润滑脂作用下磨损表面形貌的 SEM 照片。加入凹凸棒石粉体前后，矿物润滑脂润滑下磨损表面形貌变化不明显，以分布的大量黑色微区为典型特征。与加入油溶性添加剂相比，磨损表面形成的黑色微区组成的区域面积较大，沿滑动摩擦方向上的犁沟和条状摩擦痕迹不明显，磨损表面暴露的浅灰色基体金属材料面积减小。加入经热处理凹凸棒石粉体后，磨损表面黑色微区面积占比增大，但同时多处出现因黏着磨损带来的小面积材料剥落坑。凹凸棒石粉体经热处理后，因失去羟基而引入不饱和键，因粉体活性提高引发部分颗粒团聚，从而形成片状聚集体，导致粉体粒度增大。在摩擦过程中，团聚的大颗粒粉体会在表面微凸体的挤压过程中铺展在磨损表面上，引起磨损表面局部微区出现无油润滑状态，从而导致磨损表面产生黏着磨损。因此，经

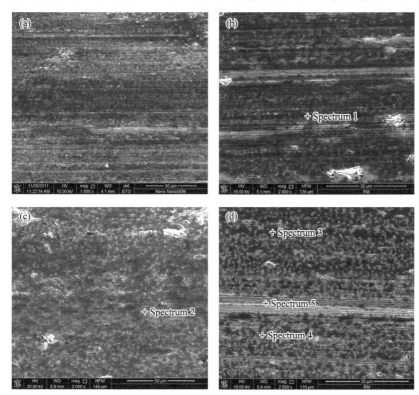

图 5-8　加入凹凸棒石粉体前后矿物润滑脂润滑下磨损表面形貌的 SEM 照片

（a）纯矿物润滑脂；（b）1%含量 300℃凹凸棒石；（c）0.5%含量 700℃凹凸棒石；

（d）1%含量颗粒化凹凸棒石

热处理后的凹凸棒石粉体虽能对修复层形成起到积极的作用，但其引入的团聚颗粒会诱发磨损表面黏着磨损。

矿物润滑脂中加入片层状凹凸棒石颗粒后，磨损表面存在大面积黑色微区组成的自修复层，并伴有平行于滑动方向的光滑白色条带状区域。片层状凹凸棒石粉体颗粒尺寸小，在摩擦过程中受摩擦热力耦合作用影响大，易于在摩擦表面发生沉积，在填补磨损表面微观损伤的同时，发生摩擦化学反应，形成面积占比较大的黑色微区自修复层。

（2）磨损表面成分的 EDS 分析

在图 5-8 所示磨损表面选取 5 个典型测试点进行 EDS 分析，结果如图 5-9 所示。含 300℃ 和 700℃ 热处理凹凸棒石粉体的矿物润滑脂润滑下磨损表面黑色微区 Spectrum 1 和 Spectrum 2 的 EDS 结果表明，两种润滑表面所含元素种类相同，主要为凹凸棒石矿物的特征元素（即 Mg、Al、O 和 Si），以及摩擦材料主要构成元素 Fe，进一步证实磨损表面黑色微区形成了由 Mg、Al、O、Si、Fe 元素构成的自修复层。添加片层状凹凸棒石颗粒的矿物润滑脂润滑下磨损表面 EDS 分析结果

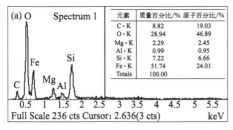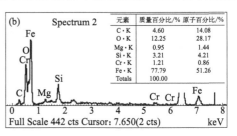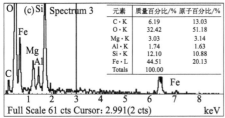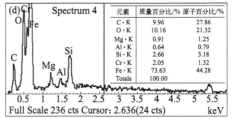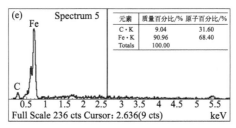

图 5-9　添加凹凸棒石粉体的矿物润滑脂润滑下磨损表面典型区域的 EDS 谱图

（a）Spectrum 1；（b）Spectrum 2；（c）Spectrum 3；（d）Spectrum 4；（e）Spectrum 5

(Spectrum 3 和 Spectrum 4) 表明，磨损表面黑色微区同样由 Mg、O、Al、Si、Fe 元素构成，且其中蛇纹石特征元素含量显著升高。同时，沿滑动摩擦方向的浅灰色条状区域能谱分析 (Spectrum 5) 结果显示该区域主要由 Fe、C 元素构成，属于磨损表面在磨粒或对偶微凸体滑动剪切作用下形成的新鲜金属表面。

结合矿物润滑脂摩擦学性能与磨损表面分析结果可以得出，矿物润滑脂中添加热处理凹凸棒石粉体可对磨损表面自修复层的形成起到一定的促进作用，但由于粉体活性增强，导致极性粉体与非极性基础油的相容性较差，会造成摩擦表面一定程度的黏着磨损；而片层状凹凸棒石颗粒能够更快速和直接参与磨损表面的摩擦化学反应，促进修复层形成，从而进一步改善矿物润滑脂的摩擦学性能，是比较理想的非油溶性抗磨添加剂[21-23]。

（3）磨损表面成分的 XPS 分析

对添加片层状凹凸棒石颗粒的矿物润滑脂润滑后的磨损表面进行 XPS 分析。图 5-10 是经 50s 溅射后采集的主要元素 XPS 精细结构图谱。$Fe2p_{3/2}$ 的精细结构谱可拟合为 706.65eV、709.53eV 和 711.71eV 等 3 个子峰，分别对应 Fe、Fe_3O_4 和 Fe_2O_3，其对应的质量分数分别为 22.69%、40.35% 和 36.95%；$O1s$ 的精细结构谱可拟合为 530.1eV、532eV 和 533.4eV 等 3 个子峰，分别对应铁的氧化物、含镁硅酸盐和 SiO_2，其对应的质量分数分别为 28.2%、34.9% 和 36.9%；$C1s$ 的精细结构谱可拟合为 286.38eV 和 284.17eV 子峰，均对应为含 C 有机物，对应的质量分数分别为 40.51% 和 59.49%；$Si2p$ 的精细结构谱可拟合为 102.1eV 和 103.73eV 子峰，分别对应 SiO_x 和 SiO_2，对应的质量分数分别为 40.27% 和 59.73%；$Mg1s$ 的精细结构谱可拟合为 1303.7eV 和 1306.03eV 子峰，分别对应 MgO 和 $(Al/Mg)Si_4O_{10}(OH)_2 \cdot nH_2O$，其对应的质量分数为 40.86% 和 59.14%；$Al2p$ 的精细结构谱为 74.93eV 子峰，对应 Al_2O_3。

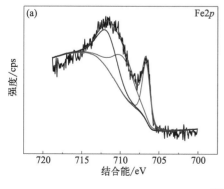
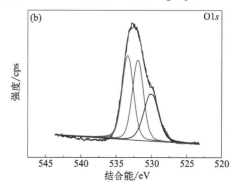

图 5-10

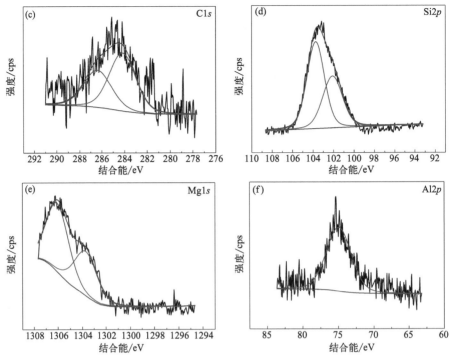

图 5-10　含凹凸棒石颗粒矿物润滑脂润滑后磨损表面主要元素的 XPS 谱图

(a) Fe2$p_{2/3}$；(b) O1s；(c) C1s；(d) Si2p；(e) Mg1s；(f) Al2p

综合以上试验结果可知，摩擦过程中添加到润滑脂中的凹凸棒石粉体直接参与摩擦化学反应，并在磨损表面形成了由铁的氧化物、含镁硅酸盐、SiO_2、Al_2O_3、凹凸棒石颗粒、含 C 有机物等构成的自修复层，从而显著改善润滑脂的性能，降低摩擦，减少磨损。

5.5　多种添加剂复配对矿物润滑脂摩擦学性能的影响

将多种添加剂复配添加到润滑油（脂）中，通常可以发挥不同添加剂之间"1+1＞2"的协同增效作用，实现润滑油（脂）性能的进一步提升。为进一步研究多种添加剂复配对凹凸棒石矿物润滑脂摩擦学性能的影响，进一步改善矿物润滑脂的减摩抗磨性能，有必要将油溶性抗磨添加剂、固体润滑剂、凹凸棒石粉体等不同添加剂按前文得到最佳添加量进行复配。不同添加剂复配试验结果表明，部分添加剂（如 T462、MoDTC）与其他添加剂混合使用时，添加剂彼此之间产生的化学作用会严重破坏润滑脂中凹凸棒石矿物纤维的骨架结构，导致润滑脂束油能力下降，使矿物润滑脂变稀失效。

结合润滑脂稠度等级测试与添加剂单剂减摩抗磨性能，选择油溶性抗磨剂 RC2526、固体润滑剂 MoS_2 以及颗粒化凹凸棒石矿物粉体进行复配，按照前述工艺制备复合矿物润滑脂，最终得到的理想复合矿物润滑脂各添加剂含量为：0.25％ RC2526，3％ MoS_2 和 1％颗粒化凹凸棒石矿物粉体。润滑脂的稠度等级为 3 级。

5.5.1　润滑脂摩擦学性能

采用 Optimal SRV4 摩擦磨损试验机，按照前述试验方法与测试条件测试复合矿物润滑脂的摩擦学性能。选用市售昆仑 3♯通用锂基润滑脂作为对比。图 5-11 所示为复合矿物润滑脂与 3♯锂基润滑脂润滑下的摩擦系数随时间变化的关系曲线及下试样磨损体积对比。摩擦初始阶段，复合矿物润滑脂的摩擦系数不断降低，并在 300s 内完成磨合进入稳定阶段，稳定后摩擦系数保持在 0.081 左右。而 3♯通用锂基润滑脂润滑下的摩擦系数在初始阶段迅速升高至 0.36 以上，随后逐渐发生剧烈波动并迅速下降，在 200s 内完成磨合并进入稳定阶段，稳定后的摩擦系数约为 0.133，较复合矿物润滑脂高约 64.2％，磨损体积高约 2.36 倍。以上结果表明，多种添加剂复配后矿物润滑脂具有优异的减摩抗磨性能。

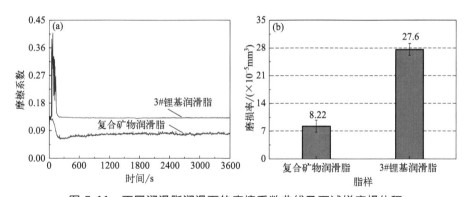

图 5-11　不同润滑脂润滑下的摩擦系数曲线及下试样磨损体积

（a）摩擦系数；（b）磨损率

5.5.2　磨损表面分析

图 5-12 为复合矿物润滑脂润滑后磨痕整体与局部微观形貌的 SEM 照片。可以发现，磨痕表面整体光滑、平整，无明显的贯穿性犁沟和大面积材料剥落。在磨痕局部微观形貌照片上可以看到磨损表面布满黑色微区组成的层叠状、不连续碾压铺展层，与前述矿物润滑脂在磨损表面形成的自修复层微观形貌特征一致。同时，磨损表面仅

见轻微的细小划痕，表明复合矿物润滑脂润滑下磨损表面发生了轻微的磨粒磨损。

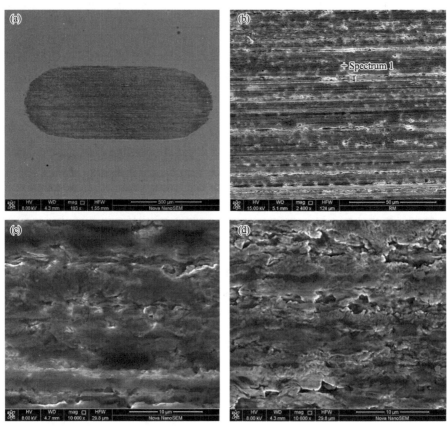

图 5-12　复合矿物润滑脂润滑后磨损表面微观形貌的 SEM 照片
（a）磨痕整体形貌；（b）～（d）局部微观形貌

　　3＃通用锂基润滑脂润滑后的磨损表面形貌如图 5-13 所示。磨损表面可见明显的沿滑动摩擦方向的贯穿性犁沟和深划痕，以及犁沟周围存在的大量材料剥落与塑性变形区域，说明摩擦过程中发生了严重的磨粒磨损和黏着磨损。

　　在上述两种磨损表面分别选取点 1［图 5-12（b）中 Spectrum 1］和点 2［图 5-13（b）中 Spectrum 2］进行 EDS 能谱分析，得到 EDS 谱图如图 5-14 所示。Spectrum 1 所在微区发现的元素主要包括 C、Fe、O、Mg、Al 和 Si。如前所述，其中的 C 元素来自表面污染物和润滑脂基础油的裂解，Fe 元素为摩擦副基体主要构成元素，而 O、Mg、Al 和 Si 等凹凸棒石矿物特征元素的存在，证实了凹凸棒石矿物与磨损表面发生了复杂的物理和化学相互作用，形成了成分复杂的自修复层。Spectrum 2 所在微区的主要元素是 Fe 和微量 C，说明其为摩擦副基体材料，也表明 3＃锂基润滑脂润滑后的磨损表面没有形成新的物质。

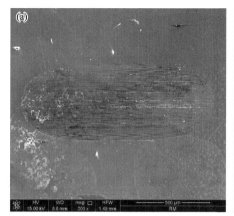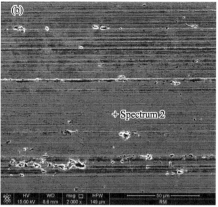

图 5-13　3# 通用锂基润滑脂润滑后磨损表面形貌的 SEM 照片

（a）磨痕整体形貌；（b）局部微观形貌

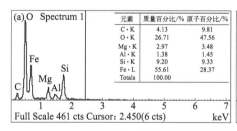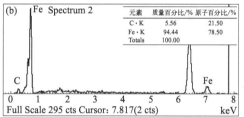

图 5-14　不同润滑脂润滑后磨损表面不同微区的 EDS 分析

（a）Spectrum 1；（b）Spectrum 2

图 5-15 为复合矿物润滑脂润滑后的磨损表面经 50s 溅射后采集的主要元素 XPS 精细结构图谱。可以看出，几种主要元素的峰均发生了不同程度的宽化和不对称。其中，$Fe2p_{3/2}$ 的精细结构谱可拟合为 707.29eV、709.07eV 和 711.23eV 等 3 个子峰，分别对应 Fe、Fe_3O_4 和 Fe_2O_3，其对应的质量分数分别为 28.41%、33.93% 和 37.66%；$O1s$ 的精细结构谱可拟合为 532.86eV、531.27eV 和 529.5eV 等 3 个子峰，分别对应含镁硅酸盐和 SiO_2、氧化镁和铁的氧化物，其对应的质量分数分别为 33.79%、36.57% 和 29.64%；$C1s$ 的精细结构谱可拟合为 283.28eV 和 284.83eV，分别对应 SiC 和含 C 有机物，其对应的质量分数为 55.92% 和 44.08%；$Si2p$ 的精细结构谱可拟合为 100.78eV、102.35eV 和 103.58eV，分别对应 SiC、$SiC+SiO_2$ 和 SiO_2，其对应的质量分数为 28.14%、42.08% 和 29.78%；$Mg1s$ 的精细结构谱可拟合为 1303.03eV 和 1305.45eV，分别对应 MgO 和 $(Al/Mg)Si_4O_{10}(OH)_2 \cdot nH_2O$，其对应的质量

分数为 53.7% 和 46.3%；Al2p 的精细结构谱为 $74.18eV$，对应 Al_2O_3。

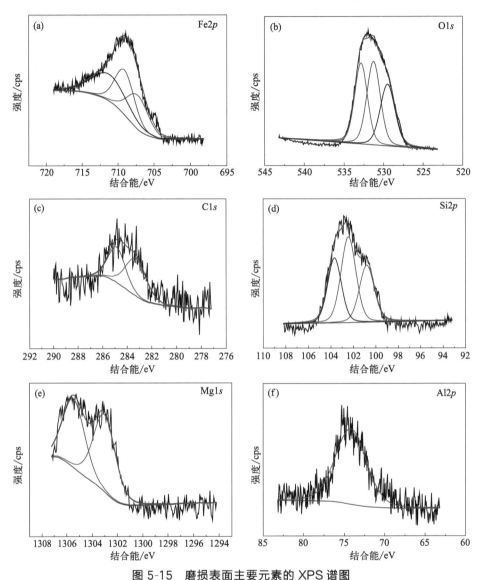

图 5-15　磨损表面主要元素的 XPS 谱图

(a) Fe2$p_{2/3}$；(b) O1s；(c) C1s；(d) Si2p；(e) Mg1s；(f) Al2p

以上结果表明，复合矿物润滑脂润滑下的磨损表面形成了由铁的氧化物、二氧化硅、氧化镁、凹凸棒石等构成的自修复层。值得注意的是，磨损表面的 EDS 与 XPS 分析未发现 Mo、S 等固体润滑剂和油溶性添加剂的特征元素，分析可能的原因是颗粒化凹凸棒石矿物具有更优异的吸附性，更容易吸附在磨损表面并与之发生摩擦化学反应。而 MoS_2 与 RC2526 在摩擦过程中未与磨损表面发化学反应，仅是借助自身优异的减摩润滑特性，在摩擦接触微区充当"球轴承"和"垫片"，或形成与磨损表面结合不牢固的物理吸附膜。

5.5.3　自修复层截面分析

对不同润滑脂润滑后的试样磨痕进行线切割、截面热镶嵌、磨抛与腐蚀处理，得到用于 SEM 形貌与 EDS 分析的磨损截面金相样品。图 5-16 为不同磨损截面形貌的 SEM 照片。样品截面经硝酸酒精腐蚀液处理后，钢基体部分可以清晰地看到层片状珠光体组织。由 3♯锂基润滑脂润滑下的试样磨损截面 SEM 照片可以看出［图 5-16（a）］，层片状珠光体结构从基体深层延伸至距磨损表面 $1\mu m$ 处，表面未见明显的覆盖层，且磨损表面因剧烈摩擦损伤造成表面粗糙度较大；而复合矿物润滑脂润滑后试样截面覆盖了不同厚度且与基体金相组织不同的自修复层，其结构致密、表面光滑、与基体结合紧密。从选取的磨损截面不同部位微观形貌可以看出，自修复层的厚度因不同磨损位置会有不同程度的变化。

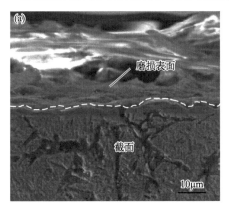
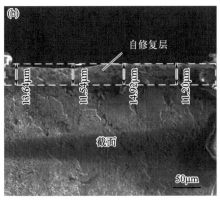

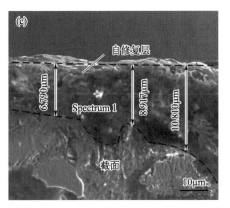
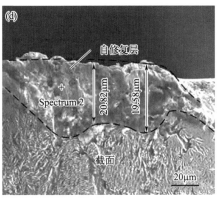

图 5-16　不同润滑脂润滑后磨损横截面形貌的 SEM 照片

（a）3♯锂基润滑脂；（b）～（d）复合矿物润滑脂

其中，连续覆盖的自修复层平均厚度约为 $12\mu m$ ［图5-16（b）］，这与之前纯矿物润滑脂和含单一添加剂的矿物润滑脂形成的自修复层厚度基本一致。此外，部分区域自修复层厚度从 $5\mu m$ 到 $10\mu m$ 发生连续变化 ［图5-16（c）］，局部区域自修复层可达 $20\mu m$ ［图5-16（d）］。

选取图5-16所示自修复层截面不同位置进行 EDS 分析，图5-17为 Spectrum1 和 Spectrum 2 两类典型位置的 EDS 谱图。分析可知，Spectrum 1 处形貌特征为块体中含有大量几何形状不规则的微小沉积颗粒，主要元素为 C、O、Fe、Mg、Al 和 Si，自修复层的可能物相为 MgO、SiO_2、铁的氧化物、含碳化合物和含镁铝的硅酸盐。Spectrum 2 处没有明显的微小沉积颗粒，主要元素为 C、Fe、O 和 Si，该处的自修复层物相可能为 SiO_2、含碳化合物和铁的氧化物。值得注意的是，磨损表面形成的自修复层厚度不均匀，分析可能的原因是与磨损表面不同微区的热力条件有关。自修复层的形成主要受凹凸棒石矿物自身晶体结构和摩擦过程中热力耦合作用的双重影响，是双重影响下自修复层生成与材料磨损动态平衡的结果。而不同摩擦接触区域因接触面积与受力状态不同，导致接触应力与瞬间温度不同，引起磨损表面自修复层的生成与材料损伤程度的差异，从而使最终的自修复层厚度存在较大差异。通常情况下，摩擦热力条件苛刻的区域，摩擦损伤更严重，更有利于厚自修复层的形成；而自修复层形成一方面会使摩擦剪切力降低，同时使接触应力分布更均匀，从而使摩擦热力条件变得缓和，在一定程度上限制了自修复层的生长，使其无法无限生长。

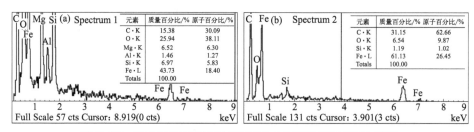

图 5-17　复合矿物润滑脂润滑下形成的自修复层 EDS 谱图

（a）Spectrum 1；（b）Spectrum 2

采用透射电镜对复合矿物润滑脂润滑下磨损表面形成的自修复层进行微观结构分析。图5-18为自修复层微观形貌的典型 TEM 照片。其中，图5-18（a）所示修复层取样于图5-16（d）所在区域，而图5-18（b）则取样于图5-16（c）所在区域。透射电镜下，自修复层的显微组织表现出两种不同纳米晶结构，包括晶粒尺寸为 $5\sim10nm$ 的深灰色单一纳米晶结构，以及由浅灰色纳米晶基质相和均匀分布的深灰色和黑色分散相构成的复合纳米晶结构，其平均晶粒尺寸约为 10nm。

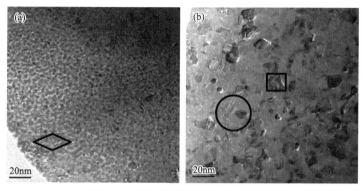

图 5-18　自修复层微观结构的 TEM 照片

(a) 形貌 1；(b) 形貌 2

　　对图 5-18 中不同区域进行选区电子衍射分析，所得衍射花样如图 5-19 所示。图 5-19(a) 所示衍射花样选区来自图 5-18(a) 中的典型区域，其中的 111、200 和 220 面对应面心立方结构的多晶 SiO_2；图 5-19(b)～(d) 所示电子衍射花

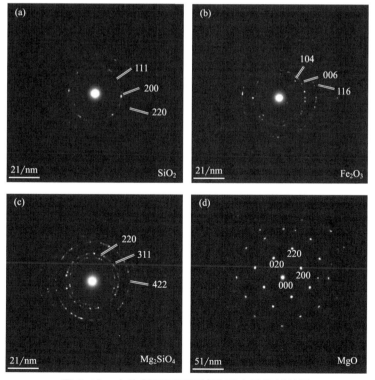

图 5-19　自修复层不同区域选区电子衍射花样

(a) SiO_2；(b) Fe_2O_3；(c) Mg_2SiO_4；(d) MgO

样选区来自图 5-18(b) 中不同区域，其中，图 5-19(b) 中的 104、006 和 116 面对应六方结构的多晶 Fe_2O_3；图 5-19(c) 中的 220、311 和 422 面对应于面心立方结构多晶 Mg_2SiO_4，属于凹凸棒石的脱水反应产物；图 5-19(d) 为 MgO [001] 晶带轴电子衍射图，对应面心立方结构的单晶 MgO。如前所述，自修复层中的 Si、Mg、O 元素主要来凹凸棒石，其主要构成包括 MgO、SiO_2、Fe_2O_3 和 Mg_2SiO_4 等多种纳米晶，纳米晶结构的强化作用赋予了自修复层优异的力学性能，使其降低摩擦磨损的同时，实现了对磨损表面的损伤自修复与力学性能强化。

参考文献

[1] Wu X H，Zhao Q，Zhao G Q，et al. Tribological properties of alkylphenyl diphosphates as high performance antiwear additive in lithium complex grease and polyurea grease for steel/steel contacts at elevated temperature [J]. Industrial & Engineering Chemistry Research，2014，53：5660-5667.

[2] Shen T J，Wang D X，Yun J M，et al. Tribological properties and tribochemical analysis of nano-cerium oxide and sulfurized isobutene in titanium complex grease [J]. Tribology International，2016，93：332-346.

[3] 朱廷彬. 润滑脂技术大全 [M]. 北京：中国石化出版社有限公司，2015.

[4] 李占君，王霞，何强. 润滑脂中极压抗磨添加剂的研究进展 [J]. 润滑与密封，2018，(43)：123-128.

[5] 辛永亮，胡建强，杨士钊，等. 几种添加剂在锂基润滑脂中的极压协同性能及表面摩擦行为研究 [J]. 表面技术，2017，7 (46)：97-103.

[6] Martín J E，Vlenciaa C，Sáncheza M C，et al. Evaluation of different polyolefins as rheology modifier additives in lubricating grease formulations [J]. Materials Chemistry and Physics，2011，128 (3)：530-538.

[7] Goncalves D，Graca B，Campos A V，et al. On the film thickness behavior of polymer greases at low and high speeds [J]. Tribology International，2015，90：435-444.

[8] 张博. 基于纳米凹凸棒石的在线修复型润滑脂制备与摩擦学机理研究 [D]. 北京：装甲兵工程学院，2012.

[9] 刘长城，姜旭峰，徐新. 润滑脂的主要性能及其检测方法综述 [J]. 广东化工，2016，43 (22)：103-104.

[10] 刘泊天，高鸿，张静静，等. 润滑油脂的评价检验 [J]. 理化检验（物理分册），2018，54 (5)：332-335.

[11] 温诗铸，黄平. 摩擦学原理 [M]. 2 版. 北京：清华大学出版社，2002.

[12] 布尚 B. 摩擦学导论 [M]. 葛世荣译. 北京：机械工业出版社，2007.

[13] 张博，许一，王建华，等. 非皂基凹凸棒石润滑脂磨损修复机理研究 [J]. 摩擦学学报，2014，6

（34）：697-704.

［14］ 张博，许一，王建华．凹凸棒石润滑脂添加剂对 45 号钢的微动磨损及自修复性能研究［J］．石油
　　　炼制与化工，2014，（45）：89-94.

［15］ Hao Zhang，Qiuying Chang. Enhanced ability of magnesium silicate hydroxide in transforming base oil
　　　into amorphous carbon by annealing heat treatment［J］. Diamond & Related Materials，2021，117：
　　　108476.

［16］ Nan F，Xu Y，Xu B，et al. Tribological behaviors and wear mechanisms of ultrafine magnesium alu-
　　　minum silicate powders as lubricant additive［J］. Tribology International，2015，81：199-208.

［17］ Yu H L，Wang H M，Yin Y L，et al. Tribological behaviors of natural attapulgite nanofibers as an
　　　additive for mineral oil investigated by orthogonal test method［J］. Tribology International，2021，
　　　153：106562.

［18］ 张保森，徐滨士，张博，等．纳米凹土纤维对碳钢摩擦副的润滑及原位修复效应［J］．功能材料，
　　　2014，45（01）：1044-1048.

［19］ Nan F，Xu Y，Xu B，et al. Effect of Cu nanoparticles on the tribological performance of attapulgite
　　　base grease［J］. Tribology transactions，2015，58（6）：1031-1038.

［20］ Yu H，Xu Y，Shi P，et al. Tribological properties of heat treated serpentine ultrafine powders as
　　　lubricant additives［J］. Tribology，2011，31（5）：504-509.

［21］ 南峰，许一，高飞，等．热处理对凹凸棒石摩擦学性能的影响［J］．材料热处理学报，2014，35
　　　（02）：1-5.

［22］ 南峰，许一，高飞，等．热活化对凹凸棒石润滑材料减摩修复性能的影响［J］．功能材料，2014，
　　　45（11）：11018-11022.

［23］ 于鹤龙，许一，史佩京，等．蛇纹石热处理产物作为润滑油添加剂的摩擦学性能［J］．摩擦学学
　　　报，2011，31（05）：504-509.

第 **6** 章　纳米金属颗粒对凹凸棒石矿物润滑脂摩擦学性能的影响

6.1　概述

近年来，纳米颗粒作为润滑油（脂）添加剂的研究成为摩擦学领域与纳米材料领域研究的热点之一[1,2]。其中，纳米金属颗粒由于具有较高的表面能和较低的熔点，在边界润滑下容易吸附并沉积到摩擦接触区域，在摩擦热和剪切力的作用下实现铺展形成自修复层[3,4]。特别是纳米铜[5-8]、银[9-11]、镍[12,13] 等金属颗粒由于具有良好的塑性，能够提供较低的摩擦剪切力，从而起到显著降低摩擦、减小磨损的作用，成为常用的金属纳米减摩自修复材料。

层状硅酸盐矿物粉体可通过摩擦化学反应在金属摩擦副表面形成自修复层，自修复层的厚度、结构和完整性受摩擦化学反应过程和机械磨损过程共同作用，是二者动态平衡过程的产物。通常情况下，为提高化学反应速度，除控制和改变反应条件外，常使用各类催化剂对化学反应进程进行调控。因此，为了提高凹凸棒石矿物在摩擦表面的摩擦化学反应速度，进而获得结构优化、覆盖完整的自修复层，进一步提高矿物润滑脂的摩擦学性能，有必要在摩擦化学反应过程中加入催化剂物质以加速反应进程。催化剂不仅能够提供空缺的 $3d$ 电子轨道为杂化变异提供便利，还能加剧摩擦表面的局部摩擦，形成更多的瞬间高压和瞬间高温环境，双重作用可以起到催化摩擦化学反应的作用[14]。铜和镍均为第 4 周期副族金属元素，拥有 $3d$ 轨道，且其中均未填满电子，因此是一种潜在的摩擦化学反应催化剂材料。

考虑到铜、镍纳米颗粒作为润滑油（脂）添加剂具有优异的摩擦学性能，同时其可能为层状硅酸盐矿物摩擦化学反应提供催化作用，将二者添加到凹凸棒石矿物润滑脂中进一步改善润滑脂减摩抗磨性能具有重要研究价值。本章重点介绍纳米铜颗粒和纳米镍颗粒对凹凸棒石矿物润滑脂摩擦学性能的影响，通过系统的磨损表面分析，探讨含纳米金属颗粒矿物润滑脂的减摩自修复机理。

6.2　纳米铜颗粒对矿物润滑脂摩擦学性能的影响

6.2.1　润滑脂制备及摩擦学试验

按照 3.2 节所述工艺制备以十八烷基三甲基氯化铵（CTAB）改性凹凸棒石粉体为稠化剂的矿物润滑脂，在图 3-2 所示第二阶段将纳米金属粉体分散在基础油当中，经图中所示分散、搅拌、研磨工艺制备得到添加纳米铜颗粒的凹凸棒石矿物润滑脂。图 6-1 为所用纳米铜颗粒微观形貌的 TEM 照片，其平均粒径约为 30nm。

图 6-1　试验用纳米铜颗粒
形貌的 TEM 照片[15]

采用 Optimal SRV4 摩擦磨损试验机评价润滑脂的摩擦学性能。摩擦副接触方式为球/盘接触，上试样选用 AISI 52100 标准钢球，尺寸 ϕ10mm，硬度为 HRC 65～67；下试样为 AISI 1045 标准圆盘，尺寸为 ϕ24mm×7.9mm，硬度为 HRC 27～31。上试样和下试样的成分如表 6-1 所示。试验过程中下试样保持静止而上试样做周期性往复运动。摩擦试验时间 60min，往复滑动行程 1mm，试验温度 50℃，具体试验内容包括：

① 纳米铜粉体添加量的优化。试验过程中保持载荷 100N，滑动频率 30Hz。

② 载荷对润滑脂摩擦学性能的影响。载荷分别设置为 25N、50N、100N 和 200N，滑动频率为 30Hz。

③ 频率对润滑脂摩擦学性能的影响。滑动频率分别设置为 10Hz、30Hz 和 50Hz，载荷为 100N。

④ 温度对润滑脂摩擦学性能的影响。试验过程中温度分别设置为 50℃、100℃和 200℃；载荷为 100N，往复滑动频率为 30Hz。

表 6-1　试样的主要化学成分

材料	化学成分/%						
	C	Si	Mn	Cr	S	P	Fe
AISI 52100	0.95～1.05	0.15～0.35	0.20～0.40	1.30～1.65	＜0.027	＜0.027	—
AISI 1045	0.40～0.50	0.15～0.40	0.50～0.80	＜0.25	＜0.035	＜0.035	—

试验结束后，使用丙酮对下试样进行清洗，并采用奥林巴斯公司 LEXT OLS4000 型激光共聚焦显微镜测量磨痕的磨损体积，取 3 次平行试验结果的平均值与载荷及滑动总行程的比值计算磨损率。

6.2.2 纳米铜含量对矿物润滑脂摩擦学性能的影响

图 6-2 所示为凹凸棒石矿物润滑脂摩擦系数及其润滑下材料磨损率随纳米铜颗粒添加量的变化。可以看出，矿物润滑脂的摩擦系数和材料磨损率随纳米铜颗粒含量增加先降低后升高，全部添加量范围内纳米铜颗粒的加入显著改善了矿物润滑脂的减摩抗磨性能。含 2.0％纳米铜润滑脂具有最佳的摩擦学性能，平均摩擦系数和磨损率分别较纯矿物润滑脂降低约 15.28％和 51.25％。当纳米铜的含量低于或高于 2.0％时，其减摩抗磨作用被不同程度地削弱，这可能与纳米铜和凹凸棒石之间的竞争性吸附有关。纳米铜颗粒的比表面能较大、熔点较低，容易吸附沉积到磨损表面并熔化铺展成膜；而凹凸棒石粉体则能够通过摩擦化学反应来诱发磨损表面形成自修复层。当纳米铜的含量较低时，进入摩擦接触区域的纳米铜颗粒较少而无法形成完整的、较厚的金属保护膜；当纳米铜的含量较高时，过多的纳米铜颗粒吸附到摩擦接触区域而影响了凹凸棒石粉体颗粒的吸附沉积，削弱了凹凸棒石对磨损表面的减摩自修复作用[16]。

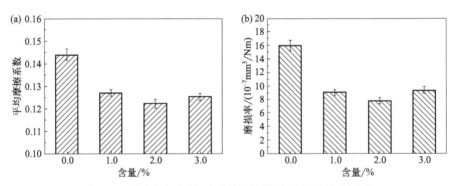

图 6-2　纳米铜添加量对矿物润滑脂摩擦学性能的影响

(a) 平均摩擦系数；(b) 磨损率

6.2.3 载荷对含纳米铜矿物润滑脂摩擦学性能的影响

图 6-3 所示为纯矿物润滑脂和含 2.0％纳米铜润滑脂润滑时的摩擦系数及材料磨损率随载荷的变化。25N 时，含纳米铜润滑脂润滑时的平均摩擦系数与纯矿物润滑脂相比明显升高，说明 25N 时纳米铜的加入削弱了矿物润滑脂的减摩

性能；当载荷增大至 50N 以上时，含纳米铜矿物润滑脂的摩擦系数显著下降，润滑脂的减摩性能得到明显改善。随着载荷的增大，纳米铜对矿物润滑脂减摩性能的改善效果愈发明显。与纯矿物润滑脂相比，25N 条件下含纳米铜润滑脂润滑后的材料磨损率略有增大，说明此载荷条件下纳米铜不能有效改善矿物润滑脂的抗磨性能；当载荷增大至 50N 以上时，矿物润滑脂的抗磨性能因纳米铜颗粒的加入得到改善，且随着载荷的增大，纳米铜对抗磨性能的改善作用越来越显著。由此可见，含纳米铜的矿物润滑脂更适用于重载工况。

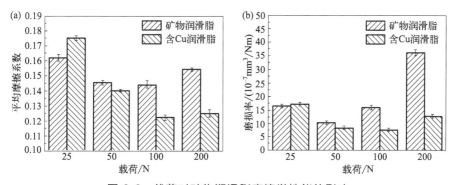

图 6-3　载荷对矿物润滑脂摩擦学性能的影响

（a）平均摩擦系数；（b）磨损率

此外，从图 6-3 还可以看出，纯矿物润滑脂在 50N 时的平均摩擦系数和材料磨损率最低，而添加纳米铜颗粒后润滑脂在 100N 时表现出最佳的减摩抗磨性能。分析认为，摩擦过程中滑动界面之间存在流体润滑油膜时，其润滑机理可用经典的 Stribeck 曲线（图 6-4）进行描述。Stribeck 曲线反映了润滑油黏度 η、滑动速度 V、单位面积承受载荷 F_N 所得的参数 $\eta V/F_N$ 对摩擦系数和润滑状态的影响，该曲线中包含 3 种润滑状态，即弹性流体润滑、混合润滑和边界润滑。其中，弹性流体润滑时的载荷主要由弹性流体动压膜支撑，边界润滑时的载荷主要由边界润滑剂在磨损表面形成的摩擦保护膜支撑，而混合润滑是弹性流体润滑和边界润滑之间的过渡区，两种润滑机理在该区域产生综合作用[17,18]。一方面，润滑脂的润滑机制为混合润滑，从 Stribeck 曲线可以看出，随着载荷的增大，摩擦系数呈现

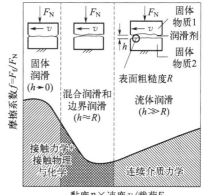

图 6-4　不同润滑状态的 Stribeck 曲线

先减小后增大的趋势；另一方面，摩擦过程中，摩擦保护膜的生成与磨损之间为动态竞争关系，随着载荷的增大，摩擦过程中提供的能量也在不断增加，从而加速了粉体颗粒与摩擦表面间的摩擦化学反应，促进了自修复层或摩擦保护膜的生成。而当载荷过大时，摩擦保护膜的磨损占据了主导地位，最终导致了摩擦系数和磨损率的增大[7]。

6.2.4 滑动频率对含纳米铜矿物润滑脂摩擦学性能的影响

图 6-5 所示为纯矿物润滑脂和含 2.0％纳米铜润滑脂润滑时的摩擦系数及材料磨损率随往复频率的变化。可以看出，随着频率的增大，两种润滑脂润滑时的平均摩擦系数和磨损率均不断降低，这一现象可能与以下两个因素有关：

① 由 Stribeck 曲线可知，随着 $\eta V/F_N$ 的变化，在摩擦系数未达到最低值之前，摩擦系数随着 V 的增大而降低；

② 往复频率越高，摩擦过程中因滑动速度增大导致的摩擦热增多，提供给摩擦表面的能量越高，越有利于自修复层或摩擦保护膜的生成。此外，频率越低，纳米铜对润滑脂减摩性能的改善效果越明显。10Hz 时纳米铜对润滑脂抗磨性能的提升幅度最小，而 30Hz 时纳米铜对基础脂抗磨性能的改善效果最显著。

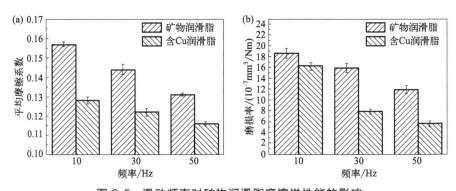

图 6-5　滑动频率对矿物润滑脂摩擦学性能的影响

（a）平均摩擦系数；（b）磨损率

6.2.5 温度对含纳米铜矿物润滑脂摩擦学性能的影响

图 6-6 所示为纯矿物润滑脂和含 2.0％纳米铜润滑脂润滑时的摩擦系数及材料磨损率随试验温度的变化。纯矿物润滑脂润滑在 50℃和 100℃时的平均摩擦系数约为 0.14，当温度升高至 200℃时平均摩擦系数增至 0.20；而含纳米铜矿物润滑脂在 50℃时的平均摩擦系数约为 0.12，100℃和 200℃时摩擦系数较 50℃时

略有增大，但均能维持在 0.13 左右。不同温度，特别是在 200℃ 的高温条件下，纳米铜都能明显改善矿物润滑脂的减摩性能。纳米铜对提升矿物润滑脂抗磨性能的作用同样显著，50℃ 时的改善效果最显著，其次为 200℃ 和 100℃。高温摩擦过程中，纳米铜形成的自修复层属于物理沉积的铜膜，因高温下软化而具有极低的剪切强度，因此摩擦系数较低，但因硬度低而易于磨损[15]。

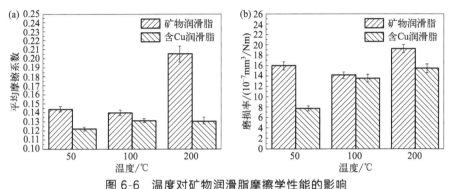

图 6-6　温度对矿物润滑脂摩擦学性能的影响

(a) 摩擦系数；(b) 磨损率

图 6-7 为纯矿物润滑脂和含 2.0% 纳米铜矿物润滑脂在 50℃ 和 200℃ 条件下摩擦系数随时间变化的关系曲线。50℃ 时，经过短暂的磨合之后，两种润滑脂润滑时的摩擦系数均趋于稳定，含纳米铜矿物润滑脂的摩擦系数一直维持在更小水平，且波动更小。矿物润滑脂在 200℃ 时的摩擦系数波动较大，初始阶段的摩擦系数急剧攀升至 0.40 左右，约 10min 之后骤降至 0.14 左右，维持约 100s 之后又迅速增至约 0.23，1400s 之后则缓慢减小至 0.16 并维持至试验结束。而相同温度下含纳米铜矿物润滑脂仅经过约 30s 的磨合，之后摩擦系数急剧下降，约 5min 之后，摩擦系数下降至约 0.12 并平稳维持至试验结束。

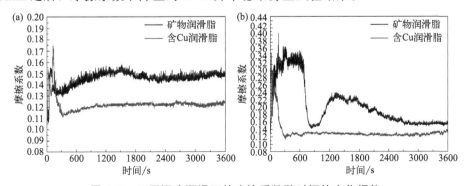

图 6-7　不同温度润滑下的摩擦系数随时间的变化规律

(a) 50℃；(b) 200℃

分析认为，温度对润滑脂摩擦学性能的影响主要与以下几个因素有关：

① 摩擦过程中润滑脂因释放基础油而起到润滑作用，而润滑油具有牛顿流体性质，其黏温特性可用 Reynolds 方程表示为：$\eta = \eta_0 e^{-\beta(T-T_0)}$。因此，随着温度的升高，摩擦表面间的润滑油黏度减小，从而使润滑油膜内部的流体抗剪切变形能力、油膜剪切力和油膜剪切力矩减小，导致动摩擦系数减小[19,20]。

② 温度的变化对润滑油运动黏度、倾点和酸值等部分理化性能产生影响，从而影响其热氧化安定性、润滑性和腐蚀性等。当摩擦副在高温环境下运行时，局部温度很高，可能导致 PAO40 基础油发生断链和脱氢，生成较多的正构烷烃、烯烃、环状烷烃和芳烃等。其中，正构烷烃的增加使得高温氧化的油样发生结构凝固，烯烃和环烷烃的增加则导致油样发生黏温凝固，最终影响了润滑脂的减摩抗磨性能。

③ 温度变化会使润滑脂的胶体结构发生改变，高温容易导致有机凹凸棒石粉体表面吸附的表面活性剂发生分解，从而降低凹凸棒石粉体的亲油性，凹凸棒石粉体与润滑油之间稳定的凝胶结构由此遭到破坏，出现润滑脂变稀和极压性明显变差的现象，最终导致润滑失效。这可能是基础脂在 200℃润滑时出现摩擦系数剧烈波动的主要原因。

④ 温度的升高能够为摩擦化学反应提供更高的能量和反应动力，从而有利于摩擦保护膜的生成。但高温同时能够加剧摩擦保护膜的磨损，摩擦保护膜的生成和磨损之间互相制约，其动态平衡过程影响润滑脂的抗磨性能。

⑤ 因摩擦保护膜与金属摩擦副基体之间的热膨胀系数不同，在温度场和压力场的共同作用下，不同温度下摩擦保护膜和基体之间的结合状态不一致。尤其在高温作用下，摩擦保护膜容易发生剥落，出现大量的磨粒和磨屑，导致磨粒磨损和黏着磨损，从而加剧摩擦磨损[21]。在上述因素的综合作用下，矿物润滑脂在不同温度润滑时表现出不同的摩擦学行为。

此外，纯矿物润滑脂在 200℃润滑时，初始阶段的摩擦系数较高，后期则下降到较低水平，其原因可能是高温导致润滑脂稠度降低，润滑脂变稀失效。在整个摩擦过程中，凹凸棒石粉体不断沉积吸附到磨损区域促使磨损表面发生摩擦化学反应生成保护膜。开始阶段生成的保护膜的厚度、分布、致密性和表面粗糙度都不理想，导致摩擦系数偏高。随着凹凸棒石粉体的不断补充，生成的保护膜不断堆积到磨损表面，促使磨损表面完全沉积上一层较厚的、致密的光滑保护膜，该保护膜在高温摩擦过程中依旧具有较好的自润滑性和抗磨性，从而降低了摩擦系数和磨损率。而含纳米铜的润滑脂在 200℃润滑时的摩擦系数波动较小，其原因可能是：

① 高温作用促进了纳米铜颗粒的熔化铺展成膜，该物理沉积膜具有较低的

剪切强度，能够实现磨损表面的减摩自修复；

② 纳米铜起到催化剂的作用，提高了凹凸棒石和基体间摩擦化学反应的速率，促使磨损表面在更短的时间内生成光滑致密的保护膜；

③ 纳米铜和凹凸棒石均能在磨损表面成膜，生成的复合保护膜较单一保护膜具有更优异的减摩性和抗磨性[22,23]。

6.3　纳米镍颗粒对矿物润滑脂摩擦学性能的影响

6.3.1　纳米镍含量对矿物润滑脂摩擦学性能的影响

按照含纳米铜矿物润滑脂相同的工艺制备含纳米镍矿物润滑脂，并采用 SRV4 磨损试验机和相同试验方法进行摩擦学性能测试。图 6-8 所示为试验用纳米镍颗粒形貌的 TEM 照片，所用纳米镍颗粒直径范围为 5～10nm。

图 6-9 所示为矿物润滑脂润滑时的摩擦系数及材料磨损率随纳米镍添加量的变化。与添加纳米铜矿物润滑脂相似，纳米镍颗粒的加入可以有效改善矿物润滑脂的摩擦学性能，润滑脂减摩抗磨性能随纳米镍含量的增加先升高后下降。含 0.5％纳米镍的矿物润

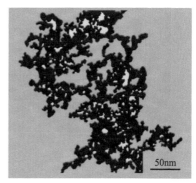

图 6-8　试验用纳米镍颗粒形貌的
TEM 照片[24]

滑脂润滑时平均摩擦系数和磨损率分别降至最低，分别较纯矿物润滑脂润滑时降低约 6.94％和 26.31％。

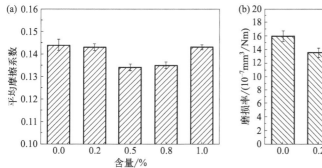
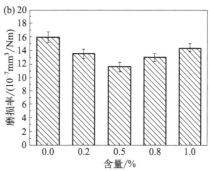

图 6-9　纳米镍添加量对矿物润滑脂摩擦学性能的影响

（a）平均摩擦系数；（b）磨损率

6.3.2 载荷对含纳米镍矿物润滑脂摩擦学性能的影响

图 6-10 所示为纯矿物润滑脂和含 0.5％纳米镍润滑脂润滑时的摩擦系数及材料磨损率随载荷的变化。可以看出，两种润滑脂润滑时的摩擦系数和材料磨损率均随载荷增加先减小后增大。25N 时，添加纳米镍对矿物润滑脂润滑下的平均摩擦系数和材料磨损率影响不大。此后，随着载荷增大，纳米镍改善润滑脂减摩抗磨性能的效果愈发显著。由此可见，相比于纯矿物润滑脂，含纳米镍矿物润滑脂更适宜服役于重载工况。

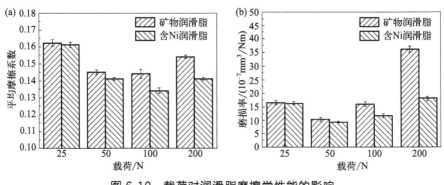

图 6-10 载荷对润滑脂摩擦学性能的影响

（a）平均摩擦系数；（b）磨损率

6.3.3 滑动频率对含纳米镍矿物润滑脂摩擦学性能的影响

图 6-11 所示为纯矿物润滑脂和含 0.5％纳米镍润滑脂润滑时的摩擦系数及材料磨损率随滑动频率的变化。随着频率的增大，两种润滑脂润滑时的平均摩擦系数和磨损率均随之减小。与纯矿物润滑脂相比，含纳米镍润滑脂在 10Hz 润滑时的平均摩擦系数和磨损率均增大。导致低频时纳米镍无法改善矿物润滑脂摩擦学性能的原因可能是较低滑动频率为摩擦表面提供的能量较低，不利于纳米镍颗粒的熔化和铺展成膜，大量未熔化的纳米镍颗粒聚集在摩擦表面并团聚成大尺寸颗粒，引起磨粒磨损[25]。当频率增大至 30Hz 和 50Hz 时，纳米镍能够改善矿物润滑脂的减摩抗磨性能，且 30Hz 时纳米镍对润滑脂减摩抗磨性能的提升作用更明显。

6.3.4 温度对含纳米镍矿物润滑脂摩擦学性能的影响

图 6-12 所示为纯矿物润滑脂和含 0.5％纳米镍润滑脂润滑时的摩擦系数及材料磨损率随温度的变化。可以看出，纳米镍在 50℃和 200℃时能够显著改善矿物

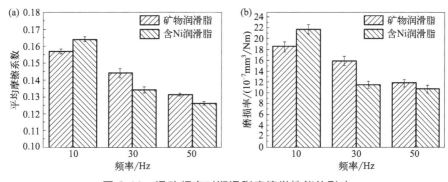

图 6-11 滑动频率对润滑脂摩擦学性能的影响

（a）摩擦系数；（b）磨损率

润滑脂的减摩性，而 100℃润滑时，添加纳米镍反而增大了基础脂润滑时的平均摩擦系数。从图 6-12（b）可以看出，50℃时纳米镍能够明显改善基础脂的抗磨性，温度升高至 100℃和 200℃后，添加纳米镍反而提高了基础脂润滑时的磨损率，尤其是 100℃时。

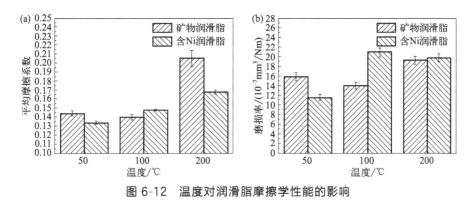

图 6-12 温度对润滑脂摩擦学性能的影响

（a）摩擦系数；（b）磨损率

图 6-13 为纯矿物润滑脂和含 0.5％纳米镍矿物润滑脂在 50℃和 200℃条件下摩擦系数随时间变化的关系曲线。可以看出，50℃时两种润滑脂润滑下的摩擦系数均有一定的波动，初始阶段摩擦系数相近，约 10min 后含纳米镍矿物润滑脂摩擦系数逐渐低于纯矿物润滑脂，纳米镍颗粒提升润滑脂减摩性能的作用开始显现。200℃时，两种润滑脂润滑下的摩擦系数随时间变化均出现了较大波动，特别是纯矿物润滑脂在摩擦初始阶段 10min 内的摩擦系数高于 0.3。比较而言，含纳米镍润滑脂润滑下的摩擦系数能够在更短的时间内迅速降低并稳定，总体上表现出优于纯矿物润滑脂的减摩性能。

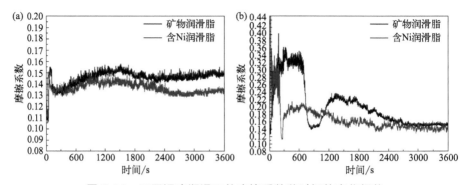

图 6-13　不同温度润滑下的摩擦系数随时间的变化规律

(a) 50℃；(b) 200℃

6.4　磨损表/界面分析

6.4.1　磨损表面微观形貌与元素组成

（1）磨损表面三维形貌

图 6-14 所示为纯矿物润滑脂和含纳米颗粒矿物润滑脂润滑下磨痕三维形貌照片（试验条件 100N/30Hz/50℃）。与纯矿物润滑脂相比，含纳米铜和纳米镍润滑脂作用下的下试样磨痕宽度、深度均明显减小，其中含纳米铜矿物润滑脂润滑下的磨痕尺寸最小，磨损表面相对光滑平整。

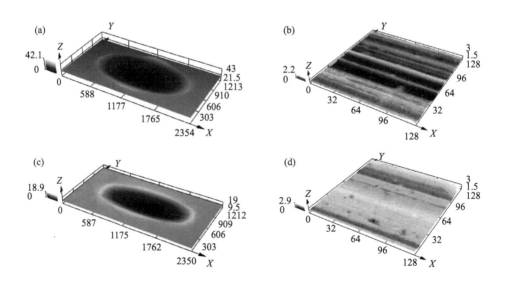

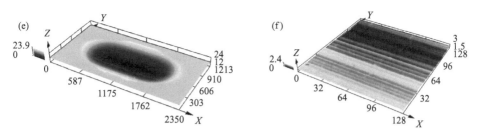

图 6-14　添加纳米颗粒前后矿物润滑脂润滑下磨痕三维形貌照片

（a）、（b）纯矿物润滑脂；（c）、（d）含纳米铜润滑脂；（e）、（f）含纳米镍润滑脂

（2）磨损表面形貌与元素分析

图 6-15 所示为纯矿物润滑脂和含纳米颗粒矿物润滑脂在 50℃润滑下磨损表面形貌的 SEM 照片（试验条件 100N/30Hz/50℃）。可以看出，纯矿物润滑脂润滑后的磨损表面较粗糙，沿滑动摩擦方向平行分布着大量的犁沟和划痕，表面可见大量附着磨屑和细小微坑。相比之下，含纳米铜和纳米镍矿物润滑脂润滑后的磨痕尺寸明显减小，磨损表面更加光滑平整，未见明显的犁沟和划痕、弥散分布尺寸更细小的磨屑颗粒和微坑。

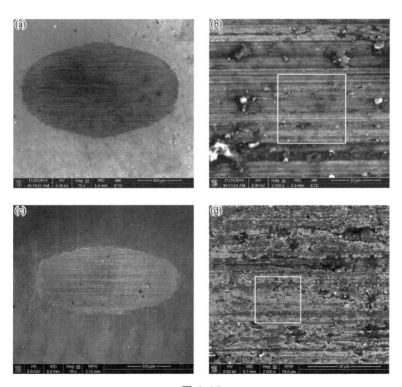

图 6-15

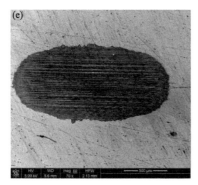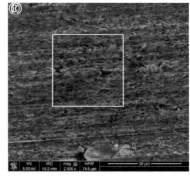

图 6-15　添加纳米颗粒前后矿物润滑脂润滑下磨损表面形貌的 SEM 照片

（a）、（b）纯矿物润滑脂；（c）、（d）含纳米铜润滑脂；（e）、（f）含纳米镍润滑脂

不同润滑脂在 50℃润滑后的磨损表面 EDS 谱图如图 6-16 所示。基础脂润滑时，磨损表面含有 Fe、C、O、Si、Mg、Al 等主要元素，其中，Fe 为摩擦副基体的主要元素，C 元素来自摩擦副基体和基础油的裂解吸附，O 元素因磨损表面被润滑脂有效覆盖，因此大概率与 Si、Mg 和 Al 同样来自凹凸棒石稠化剂。含纳米铜矿物润滑脂润滑时，磨损表面主要由 Fe、C、O、Si、Mg、Al 和 Cu 元素

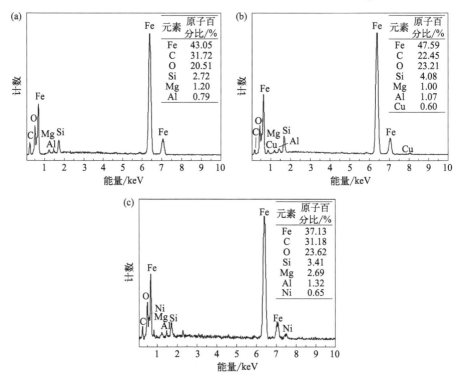

图 6-16　添加纳米颗粒前后矿物润滑脂润滑下磨损表面的 EDS 谱图和元素含量

（a）基础脂；（b）含纳米铜润滑脂；（c）含纳米镍润滑脂

构成，Cu 元素的出现表明纳米铜颗粒已在摩擦过程中吸附沉积到磨损表面，通过与凹凸棒石矿物形成的自修复层共同作用，实现减摩抗磨。含纳米镍润滑脂润滑时，磨损表面含有 Fe、C、O、Si、Mg、Al 和 Ni 元素，同样说明纳米镍颗粒能够吸附沉积到磨损表面。此外，同纯矿物润滑脂相比，含纳米颗粒润滑脂润滑下磨损表面的 O、Si 元素的含量略有升高，说明纳米金属粉体的添加能够在一定程度上起到催化作用，促进凹凸棒石矿物与磨损表面的摩擦化学反应。

图 6-17 所示为纯矿物润滑脂和含纳米颗粒矿物润滑脂在 200℃润滑下磨损表

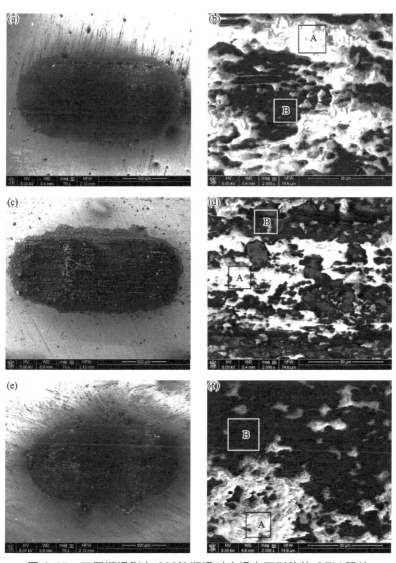

图 6-17　不同润滑脂在 200℃润滑时磨损表面形貌的 SEM 照片

（a）、（b）纯矿物润滑脂；（c）、（d）含纳米铜润滑脂；（e）、（f）含纳米镍润滑脂

面形貌的 SEM 照片（试验条件 100N/30Hz/200℃）。可以看出，同纯矿物润滑脂润滑时相比，含纳米铜、镍的润滑脂润滑下磨痕宽度明显减小。在高温的作用下，磨痕的中心部位沿滑动方向都出现了大面积凹凸不平的白亮色和深黑色镶嵌物，其形状、分布、大小不均匀。

对图 6-17 所示矿物润滑脂 200℃润滑下磨损表面形成的白亮色和深黑色镶嵌物进行 EDS 分析，所得 EDS 图谱见图 6-18。总体上，磨损表面元素组成与不同润滑脂 50℃润滑下磨损表面相近，主要组成元素均包含 Fe、C、O、Si、Mg、Al，而含纳米颗粒润滑脂润滑下磨损表面则进一步增加了 Cu 或 Ni 元素。相对而言，磨损表面白色区域 O 元素含量高于黑色区域，而 C 元素含量则低于黑色区域。与 50℃润滑时相比，磨损表面的 O、Si、Mg、Al 等凹凸棒石特征元素，以及 Cu 或 Ni 元素的含量明显升高，说明高温不仅促进了凹凸棒石粉体与金属摩擦副表面之间的摩擦化学反应，同时促进了纳米颗粒的熔化和吸附成膜。此外，同纯矿物润滑脂相比，含纳米颗粒润滑脂润滑后磨损表面的 O、Si 元素含量均增多，说明高温作用下纳米金属粉体的添加同样能够促进凹凸棒石矿物对摩擦表面的自修复作用。

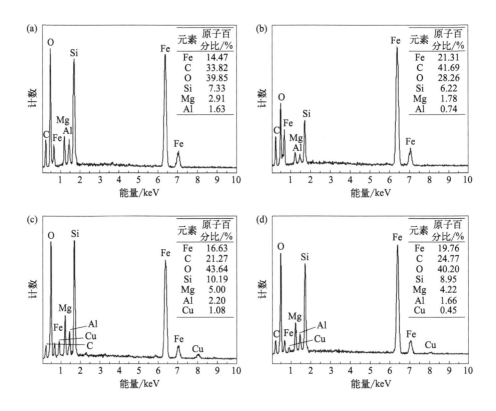

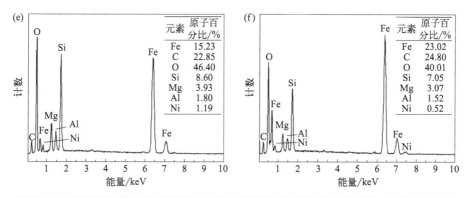

图 6-18　不同润滑脂 200℃润滑时磨损表面不同区域的 EDS 谱图和主要元素含量

(a) 图 6-17(b) 区域 A；(b) 图 6-17(b) 区域 B；(c) 图 6-17(d) 区域 A；

(d) 图 6-17(d) 区域 B；(e) 图 6-17(f) 区域 A；(f) 图 6-17(f) 区域 B

6.4.2　磨损表面成分

为确定磨损表面形成的自修复层的成分，探讨矿物润滑脂的减摩抗磨机理，对 3 种润滑脂在 50℃和 200℃润滑下的磨损表面特征元素价态进行了 XPS 分析。图 6-19 所示为纯矿物润滑脂和含纳米铜润滑脂在 50℃润滑下磨损表面特征元素的 XPS 谱图。由图可知，基础脂润滑时磨损表面 $Fe2p_{3/2}$ 的结构谱图可拟合为 $Fe(706.9eV)$、$Fe_3C(708.1eV)$、$FeO(709.2eV)$、$Fe_3O_4(710.3eV)$ 和 FeOOH $(711.5eV)$ 等子峰[26-28]。根据各子峰的积分面积可以大致估算出上述几种物质在磨损表面的相对含量之比约为 36：17：16：16：15，生成的铁的化合物（FeO、Fe_3O_4 和 $FeOOH$）的相对总含量约为 47.0%，是摩擦化学反应的主要产物，而 Fe 和 Fe_3C 为摩擦副基体的主要成分。含纳米铜润滑脂润滑时，$Fe2p_{3/2}$ 的结构谱同样可以解叠为上述子峰，Fe、Fe_3C、FeO、Fe_3O_4 和 FeOOH 的相对含量之比约为 23：25：19：17：16，生成的铁的化合物的相对总含量约为 52.0%，较纯矿物润滑脂润滑时略有增大，说明纳米铜可以促进摩擦化学反应进程。两种润滑脂润滑下，$O1s$ 的谱图均可拟合为 $530.2eV$、$530.8eV$、$531.7eV$、$532.5eV$ 和 $533.5eV$ 等子峰，对应铁的氧化物（Fe-O）、铝的氧化物（Al-O）、羟基氧化物（-OOH）、硅酸盐、硅的氧化物（Si-O）以及有机物[26-32]。两种润滑脂润滑时，$C1s$ 的结构谱均可拟合为 $Fe_3C(283.9eV)$、污染碳（$284.8eV$）和有机物（$285.5eV$）等子峰[26,30]；$Si2p$ 的结构谱可以拟合为 $SiO_x(102.0eV)$ 和 $SiO_2(103.3eV)$[26,31]；$Mg1s$ 的结合能都位于 $1304.5eV$，对应

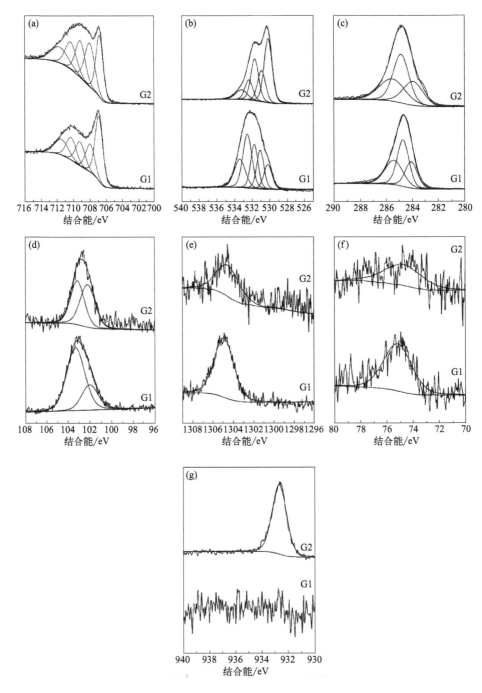

图 6-19　纯矿物润滑脂（G1）和含纳米铜矿物润滑脂

（G2）在 50℃润滑时磨损表面元素的 XPS 谱图

(a) Fe$2p_{3/2}$；(b) O$1s$；(c) C$1s$；(d) Si$2p$；(e) Mg$1s$；(f) Al$2p$；(g) Cu$2p_{3/2}$

凹凸棒石[26]。对于 Al2p，纯矿物润滑脂润滑时磨损表面对应的结合能位于 75.2eV，含纳米铜润滑脂润滑时对应的结合能则位于 74.7eV，二者均对应 Al_2O_3[26,31]。含纳米铜润滑脂润滑时，Cu2$p_{3/2}$ 的结构谱图可拟合为 Cu（932.7eV）[24,31]，说明纳米铜颗粒在摩擦热力耦合作用下沉积到磨损区域并铺展形成铜自修复层，未发生化学变化。综合 XPS 分析结果可知，在纯矿物润滑脂的润滑下，磨损表面生成了由 Fe、Fe_3C、铁的氧化物、氧化铝、硅的氧化物、凹凸棒石和有机物构成的自修复层，这与第 4 章的磨损表面分析结果相一致。而在含纳米铜润滑脂的润滑下，磨损表面除上述成分外还生成了铜单质的物理沉积膜，其与凹凸棒石矿物形成的金属氧化物和陶瓷相复合自修复层共同作用，进一步改善了矿物润滑脂的减摩抗磨性能，显著降低了摩擦和磨损。

图 6-20 所示为纯矿物润滑脂和含纳米铜润滑脂在 200℃润滑下磨损表面特征元素的 XPS 谱图。纯矿物润滑脂润滑后磨损表面 Fe2$p_{3/2}$ 的结构谱可拟合为 Fe(706.9eV)、含铁有机物（708.6eV）、FeO(709.6eV)、Fe_2O_3(710.8eV) 和 FeOOH (711.5eV) 等子峰[26-29]，其中铁的化合物相对含量约占 64.0%，与相同条件下 50℃润滑后磨损表面相比升高约 17%。此外，与纯矿物润滑脂 50℃润滑时相比，磨损表面未检测到 Fe_3C 和 Fe_3O_4，说明在高温作用下两者可能发生了进一步的氧化反应生成了高价态铁的氧化物。含纳米铜矿物润滑脂润滑时，磨损表面同样可拟合为上述子峰，铁的化合物相对含量进一步升至 79.0%，且磨损表面同样未发现 Fe_3C 和 Fe_3O_4，再次证实高温作用下纳米铜能够促进凹凸棒石矿物与摩擦副基体材料间的摩擦化学反应。此外，不同磨损表面 O1s、C1s、Si2p、Mg1s、Al2p 的结构谱图相似，能够与铁的氧化物、氧化铝、羟基氧化物、凹凸棒石、硅的氧化物以及有机物等物质较好对应[26-33]。含纳米铜矿物润滑脂润滑后磨损表面 Cu2$p_{3/2}$ 结构谱可拟合为 Cu(932.7eV) 和 CuO(934.6eV)[26,33]，表明高温作用一方面促进了纳米铜颗粒在磨损表面的沉积和铺展成膜，另一方面也导致部分纳米铜被氧化形成 CuO。

图 6-21 所示为矿物润滑脂和含纳米镍润滑脂在 50℃润滑下磨损表面特征元素的 XPS 谱图。对比可知，两种润滑脂润滑下磨损表面基本组成与图 6-19 和图 6-20 所示结果相近，主要包括铁的氧化物、氧化铝、羟基氧化物、凹凸棒石、硅的氧化物、Fe_3C 以及有机物等[26-32]。不同之处在于，含纳米镍矿物润滑脂润滑后磨损表面新出现 Ni2$p_{3/2}$ 结构谱，可拟合为 Ni（853.0eV）[26,34]，说明在摩擦热力耦合作用下纳米镍颗粒沉积到磨损区域并且铺展到磨损表面，形成因物理沉积和机械铺展作用形成的镍自修复层。

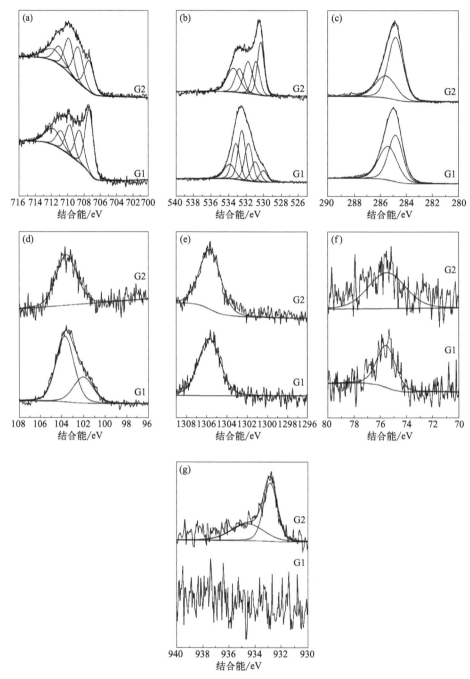

图 6-20　纯矿物润滑脂（G1）和含纳米铜矿物润滑脂
（G2）在 200℃润滑时磨损表面元素的 XPS 谱图

（a）Fe2$p_{3/2}$；（b）O1s；（c）C1s；（d）Si2p；（e）Mg1s；（f）Al2p；（g）Cu2$p_{3/2}$

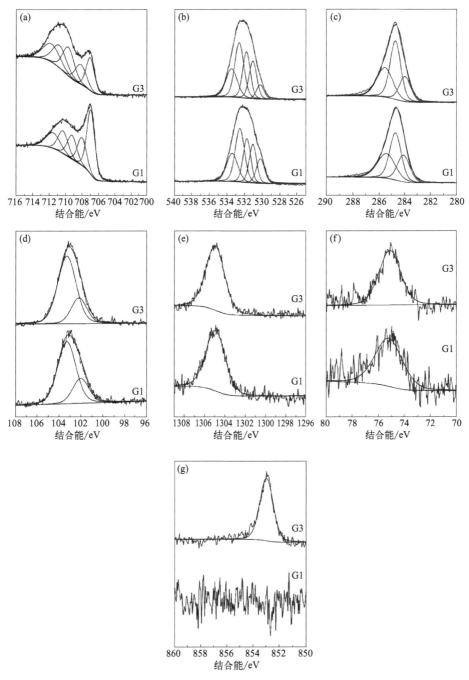

图 6-21　纯矿物润滑脂（G1）和含纳米镍矿物润滑脂（G3）

在 50℃润滑时磨损表面元素的 XPS 谱图

（a）Fe2$p_{3/2}$；（b）O1s；（c）C1s；（d）Si2p；（e）Mg1s；（f）Al2p；（g）Ni2$p_{3/2}$

图 6-22 为纯矿物润滑脂和含纳米镍矿物润滑脂在 200℃润滑下磨损表面特征

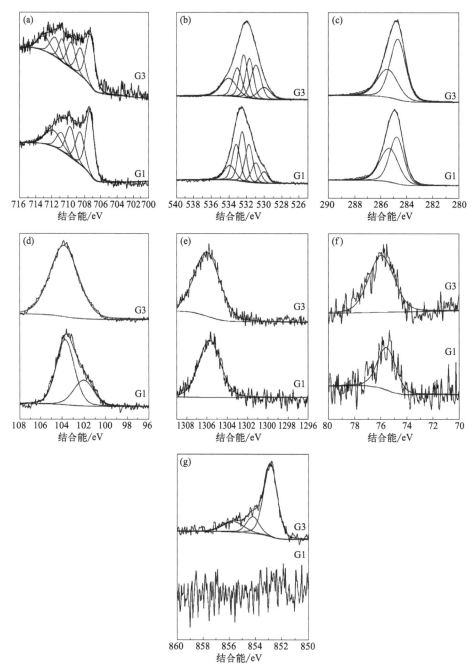

图 6-22　纯矿物润滑脂（G1）和含纳米镍矿物润滑脂（G3）

在 200℃润滑时磨损表面元素的 XPS 谱图

(a) Fe2$p_{3/2}$；(b) O1s；(c) C1s；(d) Si2p；(e) Mg1s；(f) Al2p；(g) Ni2$p_{3/2}$

元素的 XPS 谱图。与图 6-20 所示结果相似，含纳米镍矿物润滑脂润滑下磨损表面铁的氧化物相对含量较纯矿物润滑脂润滑下磨损表面大幅升高，说明高温下纳米镍同样促进了凹凸棒石与摩擦副基体之间的摩擦化学反应。含纳米镍润滑脂润滑时，$Ni2p_{3/2}$ 的结构谱图可拟合为 Ni（852.8eV）、NiO（854.3eV）和 Ni_2O_3（855.8eV）[26,34]，说明在高温的作用下部分纳米镍颗粒沉积铺展形成镍自修复层，部分颗粒发生氧化。此外，不同磨损表面 $O1s$、$C1s$、$Si2p$、$Mg1s$、$Al2p$ 的结构谱图相似，对应铁的氧化物、氧化铝、羟基氧化物、凹凸棒石、硅的氧化物以及有机物等物质。

6.4.3　磨损表面微观力学性能

图 6-23 和表 6-2 所示为摩擦副基体材料与不同润滑脂润滑下磨损表面的微观力学性能测试结果。由纳米硬度值随压入深度的变化曲线可以看出，当压入深度较小时，不同测试表面的纳米硬度和弹性模量随着压入深度变化较大，这归因于试样表面粗糙度对测试结果的影响，即压入过程中表现出的尺寸效应[35]。随着压入深度的不断增加，硬度与弹性模量逐渐趋于稳定。对于成分均匀的摩擦下试样基体材料，3 个测试点之间的测试结果相差很小，硬度值最低，且在较小的压入深度内快速趋于稳定，随压入深度不再变化。而矿物润滑脂和含纳米颗粒矿物润滑脂润滑下的磨损表面，不同测试点获得的硬度和弹性模量随压入深度变化曲线差别较大，这可能是两方面原因造成的：

① 磨损表面不同区域的自修复层化学成分及其完整性有差异；

② 磨损表面不同区域表面粗糙度差别较大。

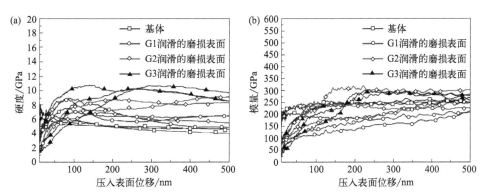

图 6-23　摩擦副基体以及纯矿物基础脂（G1）、含纳米铜润滑脂（G2）和含纳米镍润滑脂（G3）润滑下的磨损表面纳米压痕测试结果

（a）硬度-位移曲线；（b）弹性模量-位移曲线

表 6-2 摩擦副基体与不同润滑脂润滑下磨损表面的纳米力学性能测试结果

测试表面	硬度(H/GPa)/模量(E/GPa)				H/E /×10^{-2}	H^3/E^2 /×10^{-3}
	测试 1	测试 2	测试 3	平均		
钢基体	4.56/250.6	4.76/251.7	4.82/243.4	4.71/248.6	1.9	1.69
G1 润滑的磨损表面	6.57/232.4	6.35/180.33	6.37/190.2	6.43/200.9	3.2	6.59
G2 润滑的磨损表面	6.59/222.8	7.68/229.2	7.41/231.0	7.23/227.7	3.2	7.28
G3 润滑的磨损表面	7.52/229.7	8.57/246.2	7.43/221.1	7.84/232.3	3.4	8.93

不同润滑脂润滑下的磨损表面硬度随压入深度变化趋势基本相同，均是随深度增加先升高后降低。这主要是由于磨损表面自修复层内包含大量的铁的氧化物、硅的氧化物、氧化铝等硬质相，使其具有较高的硬度，导致纳米压痕测试过程中压痕硬度随压入深度增加而升高。随着压入深度的增加，自修复层下方的基体材料对测试结果的影响逐渐显现，由于基体材料相对自修复层而言硬度较低，因此导致硬度值在一定压入深度后开始降低，并最终趋于平稳。总体上，含纳米镍矿物润滑脂润滑下的磨损表面硬度最高，其次为纳米铜矿物润滑脂润滑表面，之后为纯矿物润滑脂润滑表面。而不同测试表面弹性模量均随深度增加先升高后降低。其中，纯矿物润滑脂润滑下磨损表面的弹性模量最低，而摩擦副基体与含纳米颗粒润滑脂润滑下的磨损表面弹性模量基本持平。

硬度（H）、弹性模量（E）以及二者的组合指数（H/E 或 H^3/E^2）能够在一定程度上预测表面薄膜或涂层材料的耐磨性[37]。通常，H/E 定义为涂层在失效前吸收的能量，其值越高，材料的耐磨性往往越好[38]。而 H^3/E^2 反映了薄膜材料抵抗塑性变形的能力[39]。由表 6-2 可以看出，3 种润滑脂润滑下的磨损表面纳米硬度、H/E 和 H^3/E^2 均高于摩擦下试样基体材料。其中，含纳米镍矿物润滑脂润滑下磨损表面上述性能参数最高，其次为纳米铜润滑脂润滑下磨损表面。由于自修复层的形成，矿物润滑脂润滑下的磨损表面构成了薄膜＋基体的复合结构，其优异的力学性能使其具备优异的抗磨粒磨损和抵抗塑性变形能力，因此使矿物润滑脂，特别是含纳米颗粒矿物润滑脂表现出优异的摩擦学性能。

6.4.4 自修复层截面形貌与成分

图 6-24 所示为含纳米铜润滑脂润滑时下试样磨痕截面形貌的 SEM 照片及元

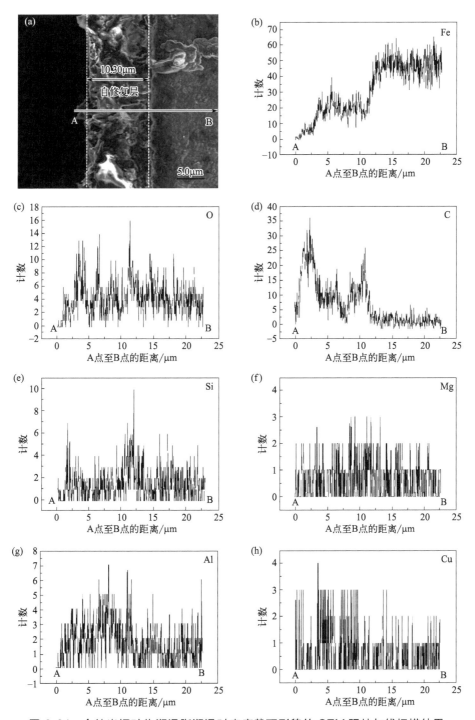

图 6-24　含纳米铜矿物润滑脂润滑时磨痕截面形貌的 SEM 照片与线扫描结果

（a）SEM 照片；（b）Fe 元素；（c）O 元素；（d）C 元素；（e）Si 元素；（f）Mg 元素；

（g）Al 元素；（h）Cu 元素

素线扫描结果。可以看出，磨损表面生成了厚度均匀、结构致密的自修复层，平均厚度约为 $10.30\mu m$，与磨损表面基体结合良好，界面处未见明显的裂纹和孔隙。自修复层内部及其与磨损表面结合界面处分布大量的 Fe、Si、Mg、Al、O、C、Cu 等元素，其中，O、C 元素含量高于基体材料，而 Si、Mg 和 Al 元素含量分布不均匀，但仍略高于基体。

图 6-25 所示为含纳米镍矿物润滑脂润滑时磨痕截面形貌的 SEM 照片与元素面扫描检测结果。磨损表面形成的自修复层平均厚度约为 $11.64\mu m$，其结构致密，同基体结合紧密。元素的线扫描检测结果与含纳米铜矿物润滑脂润滑下磨损表面形成的自修复层相似，自修复层同样由 Fe、C 以及凹凸棒石矿物的特征元素构成。此外，Ni 元素在自修复层内部以及修复层和基体的界面处均有少量分布，这与 XPS 分析结果相一致，纳米镍颗粒参与了摩擦化学反应，与纯矿物润滑脂作用下磨损表面形成的摩擦化学反应产物共同构成了自修复层。

采用透射电镜（TEM）对含纳米铜矿物润滑脂润滑下磨损表面形成的自修复层进行局部微观结构与成分分析，图 6-26 为相应的 TEM 照片、EDS 谱图及电子衍射花样（SAED）。由低倍 TEM 照片结合 EDS 分析可以看出，自修复层内部黑色区域主要由 Fe、C、Cu 元素构成，而灰白色区域由 Fe、C、O、Si、Mg、Al、Cu 构成，二者之间结合良好，界面纯净且未见明显的孔隙和裂纹。由高倍 TEM 照片并结合选区电子衍射花样分析可知，修复层内镶嵌非晶态的 SiO_2 颗粒，黑色相包含大量的 Fe_2O_3 等铁的氧化物。如前所述，由于 TEM 分析的区域尺度有限，因此观察和分析得到的自修复层内物相组成仅为铁的氧化物和 SiO_2，远不如 XPS 分析获得的实际自修复层的物相组成丰富。此外，同 3.4 节所述纯矿物润滑脂润滑下形成的自修复层相比，含纳米铜矿物润滑脂润滑时形成的自修复层中 Fe 元素含量明显减少，而 O、Si、Mg 和 Al 元素的含量有所提高，进一步说明了纳米铜颗粒的添加能够促进摩擦化学反应进程，有利于自修复层的形成。

纳米铜和纳米镍颗粒能够改善矿物润滑脂的减摩抗磨性能，其主要原因有以下几点[15,40-42]：

① 吸附到摩擦副接触区域的纳米铜或纳米镍颗粒可以起到"微轴承"作用，实现滚动效应，即变摩擦副微接触区之间的滑动摩擦为滚动摩擦，从而减小摩擦、降低磨损。

② 纳米金属颗粒的比表面积大，具有较高的活性以及较低的熔点。摩擦过程中，大量纳米铜或纳米镍颗粒吸附并沉积到磨损表面，在摩擦热和局部高接触

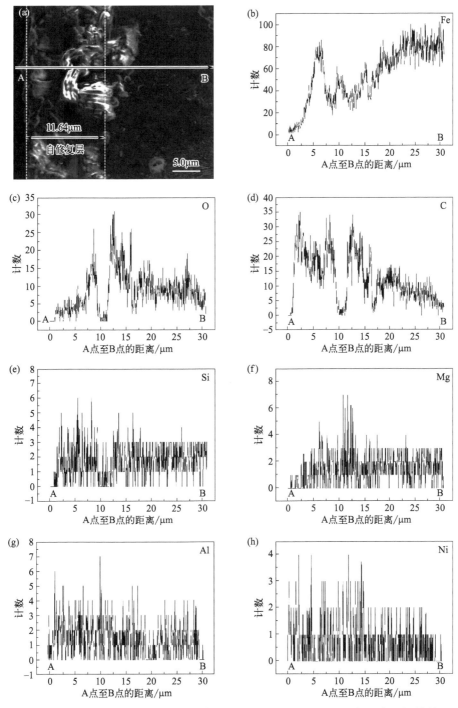

图 6-25　含纳米镍矿物润滑脂润滑时磨痕截面形貌的 SEM 照片与元素面扫描结果

（a）SEM 照片；（b）Fe 元素；（c）O 元素；（d）C 元素；（e）Si 元素；

（f）Mg 元素；（g）Al 元素；（h）Ni 元素

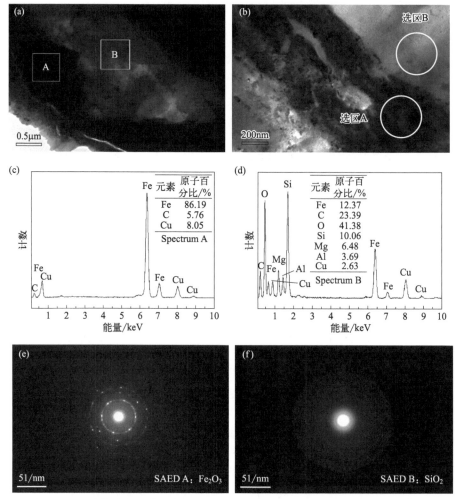

图 6-26　含纳米铜矿物润滑脂在磨损表面形成的自修复层 TEM 分析结果

（a）、（b）TEM 照片；（c）、（d）EDS 图谱；（e）、（f）选区电子衍射花样（SAED）

应力的作用下熔化并铺展成膜，形成的金属或金属氧化物薄膜具有剪切强度低、晶界可滑移等特点，可以显著减小摩擦磨损。

③ 纳米颗粒与润滑油分子在摩擦表面生成溶胶，增强了磨损表面对凹凸棒石颗粒的吸附能力，从而为摩擦化学反应提供更多的反应物。

④ 纳米金属颗粒对磨损区域进行了有效的修复，从而改善摩擦表面的接触应力分布状态和抗疲劳性能。

⑤ 凹凸棒石粉体表面活性较高，对金属离子有着较强的离子交换吸附作用，一方面能够促进纳米铜、镍颗粒及其离子在磨损区域的吸附沉积，另一方面部分

铜、镍以交换性铜、镍离子的形式存在于凹凸棒石晶体结构中，该交换作用进一步提高了凹凸棒石的吸附性和化学活性，从而促进凹凸棒石矿物颗粒在磨损区域的吸附及摩擦化学反应。

⑥ 在摩擦热的作用下，纳米铜、镍颗粒被活化，与磨损表面的活性 Fe 原子发生反应，生成固溶体，建立了金属键连接，提高了修复层与基体之间的润湿性，从而增强了修复层与基体之间的界面结合强度，提高润滑脂的抗磨性。

参考文献

[1] Meng Y G，Xu J，Jin Z M，et al. A Review of Recent Advances in Tribology [J]. 2020，Friction，8（2）：221-300.

[2] Padgurskas J，Rukuiza R，Prosyčevas I，et al. Tribological Properties of Lubricant Additives of Fe，Cu and Co Nanoparticles [J]. Tribology International，2013，60：224-232.

[3] 戴乐阳，孟荣刚，陈景锋，等 . 金属磨损自修复纳米颗粒的研究进展 [J]. 中国船舶，2012，25（4）：33-36.

[4] 张正业，杨鹤，李生华，等 . 金属磨损自修复剂在 DF 型铁路机车柴油机上的应用研究 [J]. 润滑与密封，2004，4：75-75，80.

[5] Zhang B S，Xu B S，Xu Y，et al. Cu Nanoparticles Effect on theTribological Properties of Hydrosilicate Powders as Lubricant Additive for Steel-Steel Contacts [J]. Tribology International，2011，44：878-886.

[6] Zhu M Y，Song N N，Zhang S M，et al. Effect of Micro Nano-Structured Copper Additives with Different Morphology on Tribological Properties and Conductivity of Lithium Grease [J]. Tribology Transactions，4（65）：686-694.

[7] 许一，南峰，徐滨士 . 凹凸棒石/油溶性纳米铜复合润滑添加剂的摩擦学性能 [J]. 材料工程，2016，44（10）：41-46.

[8] Yu H L，Xu Y，Shi P J，et al. Characterization and nano-mechanical properties of tribofilms using Cu nanoparticles as additives [J]. Surface Coating Technology，2008，203：28-34.

[9] Sun L，Zhang Z J，Wu Z S，et al. Synthesis and characterization of DDP coated Ag nanoparticles [J]. Materials Science and Engineering，2004，379：378-383.

[10] Ma J Q，Mo Y F，Bai M W. Effect of Ag nanoparticles additive on the tribological behavior of multialkylated cyclopentanes（MACs）[J]. Wear，2009，266：627-631.

[11] Wang W B，Kang Y R，Wang A Q，et al. In Situ Fabrication of Ag Nanoparticles/Attapulgite Nanocomposites：Green Synthesis and Catalytic Application [J]. Journal of Nanoparticle Research，2014，16：2281-2288.

[12] 王李波，王晓波，刘维民 . 添加剂 Ni-B 非晶合金纳米微粒的制备及其摩擦学性能 [J]. 材料保护，

2009，42（5）：4-6.

[13] Wang L B，Liu W M，Wang X B. The Preparation and Tribological Investigation of Ni-P Amorphous Alloy Nanoparticles [J]. Tribology Letters，2010，37：381-387.

[14] 王德志. 金属陶瓷生成剂的应用与机理 [M]. 北京：国防工业出版社，2014.

[15] Nan F，Xu Y，Xu B，et al. Effect of Cu Nanoparticles on the Tribological Performance of Attapulgite Base Grease [J]. Tribology Transactions，2015，58：1031-1038.

[16] 张保森. 基于蛇纹石矿物的复合自修复材料制备及摩擦学机理研究 [D]. 上海：上海交通大学，2012.

[17] 朱廷彬. 润滑脂技术大全 [M]. 北京：中国石化出版社，2009.

[18] Moshkovich A，Perfilyev V，Lapsker I，et al. Stribeck Curve Under Friction of Copper Samples in the Steady Friction State [J]. Tribology Letter，2010，37：645-653.

[19] 温诗铸，黄平. 摩擦学原理 [M]. 北京：清华大学出版社，2008.

[20] 付业伟，李贺军，费杰，等. 温度对炭纤维增强纸基摩擦材料摩擦磨损性能的影响 [J]. 摩擦学学报，2005，25（6）：583-586.

[21] 汤春球，祁建得，吕俊成，等. 离合器摩擦副表面温度对摩擦因数的影响 [J]. 润滑与密封，2009，34（7）：66-68.

[22] 南峰. 微纳米颗粒对凹凸棒石润滑脂摩擦学性能的影响机理研究 [D]. 上海：上海交通大学，2012.

[23] Nan F，Xu Y，Xu B，et al. Tribological Behaviors and Wear Mechanisms of Ultrafine Magnesium Aluminum Silicate Powders as Lubricant Additive [J]. Tribology International，2015，81：199-208.

[24] Nan F，Xu Y，Xu B，et al. Tribological Performance of Attapulgite Nano-fiber/Spherical Nano-Ni as Lubricant Additive [J]. Tribology Letters，2014，56：531-541.

[25] Rapoport L，Moshkovich A，Perfilyev V，et al. High Temperature Friction Behavior of CrVxN Coatings [J]. Surfure Coating Technology，2014，238：207-215.

[26] Wagner C D，Riggs W M，Davis L E，et al. Handbook of X-ray photoelectron spectroscopy [M]. Eden Prairie：Perkin-Elmer Corporation，1979.

[27] McIntyre N S，Zetaruk D G. X-ray Photoelectron Spectroscopic Studies of Iron Oxides [J]. Analytical Chemistry，1977，49：1521-1529.

[28] Yamashita T，Hayes P. Analysis of XPS Spectra of Fe^{2+} and Fe^{3+} Ions in Oxide Materials [J]. Applied Surface Science，2008，254：2441-2449.

[29] Allahdin O，Dehou S C，Wartel M，et al. Performance of FeOOH-brick Based Composite For Fe（Ⅱ）Removal from Water in Fxed Bed Column and Mechanistic Aspects [J]. Chemical Engineering Research and Design，2013，91：2732-2742.

[30] Pelissier B，Fontaine H，Beaurain A，et al. HF contamination of 200 mm Al wafers：A parallel angle resolved XPS study [J]. Microelectronic Engineering，2011，88：861-866.

[31] Montesdeoca-Santana A，Jiménez-Rodríguez E，Marrero N，et al. XPS characterization of different thermal treatments in the ITO-Si interface of a carbonate-textured monocrystalline silicon solar cell

[J]. Nuclear Instruments & Methods in Physics Research Section B-beam Interactions with Materials and Atoms，2010，268：374-378.

[32] Figueiredo N M，Carvalho N J M，Cavaleiro A. An XPS study of Au alloyed Al-O sputtered coatings [J]. Applied Surface Science，2011，257：5793-5798.

[33] Han W K，Choi J W，Hwang G H，et al. Fabrication of Cu nano particles by direct electrochemical reduction from CuO nano particles [J]. Applied Surface Science，2006，252：2832-2838.

[34] Payne B P，Biesinger M C，McIntyre N S. Use of oxygen/nickel ratios in the XPS characterization of oxide phases on nickel metal and nickel alloy surfaces [J]. Journal of Electron Spectroscopy and Related Phenomena，2012，185：159-166.

[35] 张星，王鹤峰，袁国政，等. Ti、TiN、TiO_2 改性层的纳米力学性能测试与分析 [J]. 实验力学，2012，27（6）：721-726.

[36] Pharr G M. Measurement of mechanical properties by ultra-low load indentation [J]. Materials Science and Engineering，1998，253：151-159.

[37] Liu Y C，Liang B H，Huang C R，et al. Microstructure evolution and mechanical behavior of Mo-Si-N films [J]. Coatings. 2020，10（10）：987.

[38] Leyland A，Matthews A. On the significance of the H/E ratio in wear control：A nanocomposite coating approach to optimised tribological behavior [J]. Wear，2000，246：1-11.

[39] Shao W T，Wu S K，Yang W，et al. Effect of modulation period on microstructure and mechanical properties of（AlSiTiVNbCr）N/（AlSiTiVNbCr）CN nano-multilayer films [J]. Vacuum，2023，207：111660.

[40] 于鹤龙，许一，史佩京，等. 纳米铜颗粒的摩擦学性能研究及其减摩润滑机理探讨 [J]. 材料工程，2007，（10）：35-48.

[41] 于鹤龙，徐滨士，许一，等. 纳米铜添加剂改善钢-铝摩擦副摩擦磨损性能的研究 [J]. 摩擦学学报，2006，26（5）：433-438.

[42] Nan F，Xu Y，Xu B S，et al. Tribological Performance of Attapulgite Nano-fiber/Spherical Nano-Ni as Lubricant Additive [J]. Tribology Letters，2014，56：531-541.